ブチねこのトリセツ

東京書籍

はじめに　3匹と暮らす彼女のひとり言

ブチねこのロク

週半ばの午後4時。

高層マンションの26階の窓から外を眺めると、そろそろ西日が部屋に入り込んでくる時間帯だ。今日は出社してすぐに頭の重さを感じた。おかしいなと思って体温を測ってみると、38度3分。やばいなぁ、風邪引いた。とりあえず早退して、やっとのことで帰宅した。

今週もまた、全力疾走のはずが週半ばでリタイア。体調管理がなっとらん。

にゃー。

なによ、ロク。いまこんな状態なのに遊べってか？　ベッドの横まで来て、お遊びのおねだり？　あんたさっきまで、こんな私に無関心だったじゃないの！　ハチもナナも私を迎えにきてくれたのに、あなたは何よ。ブチねこ（白黒）のロク（♂）、ミケのナナ（♀）、そして茶トラのハチ（♂）。ゴー、ヨン、サンと続くわけじゃないけれど、この子たちは兄妹だ。それまでのチャミが18歳という長寿をまっとうして、しばらくは思い出に生きようと決心したのに、半年も経たないうちに保護猫カフェで見合いをしてしまった。兄妹と聞き、揃って引き取って我が家に来たのが5年前。

「ねぇ、ロク。お願い、もうちょっとだけ休ませてぇ〜。あと20分！」

にゃー。

ロクは「黒白」というよりは「白黒」のブチ。気まぐれだよね。警戒期間は意外と長かったけれど、打ち解けてからのあなたはカワイイ。遊ぶことで確かに信頼関係が生まれたよね〜、優柔不断なところはあるけれど。

にゃー。

「わかった、わかった。遊ぶから……」

……って、5分で飽きるな！　止めるな〜！　あ〜、また熱が上がってきた。

ブチ、ミケ、トラと初めて一緒に過ごしてみて実感するこの違い。

そこには、たしかに秘密がある。

目次 contents, buchi-neko

ここはとっても大事なので、
『トラねこのトリセツ』、『ミケねこのトリセツ』と
共通するところがあるにゃん!

ブチねこのトリセツ

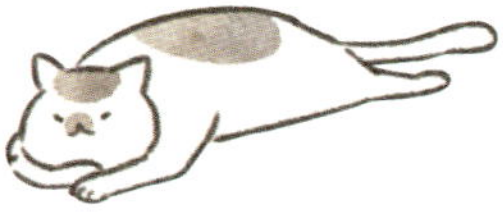

ここはとっても大事なので、
『トラねこのトリセツ』、『ミケねこのトリセツ』と
共通するところがあるにゃん！

カバーイラスト＝ミューズワーク（ねこまき）
ブックデザイン＝Achiwa Design,inc.
写真＝istock.com

buchi-neko, the best

んにゃ。ブチさんがいっぱい!!

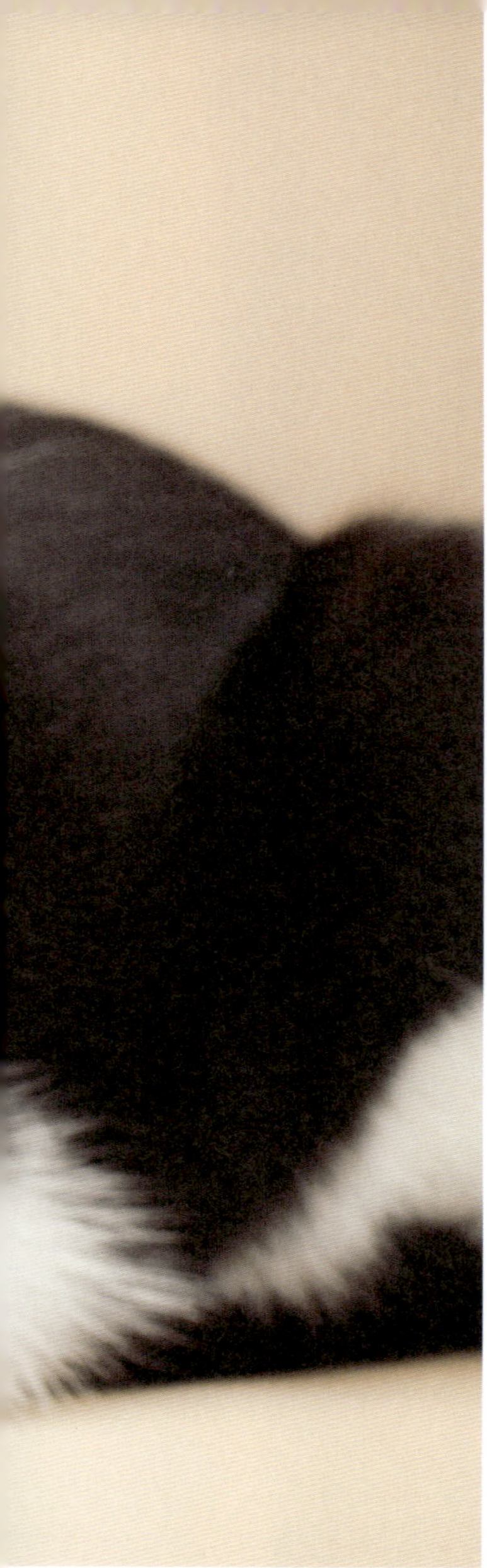

タキシード柄のブチさんは、
そのバイカラーの度合いによって、
性格がぜんぜんちがう、
とも言われています。
とらえどころがない?
そこがいいのよ!!
ブチさんのベストショットをどうぞ。

顔の模様が八の字に分かれている「ハチワレ」ブチさん

ブチさんは好奇心旺盛で
元気いっぱい！

黒が多かったり、
白が多かったり……

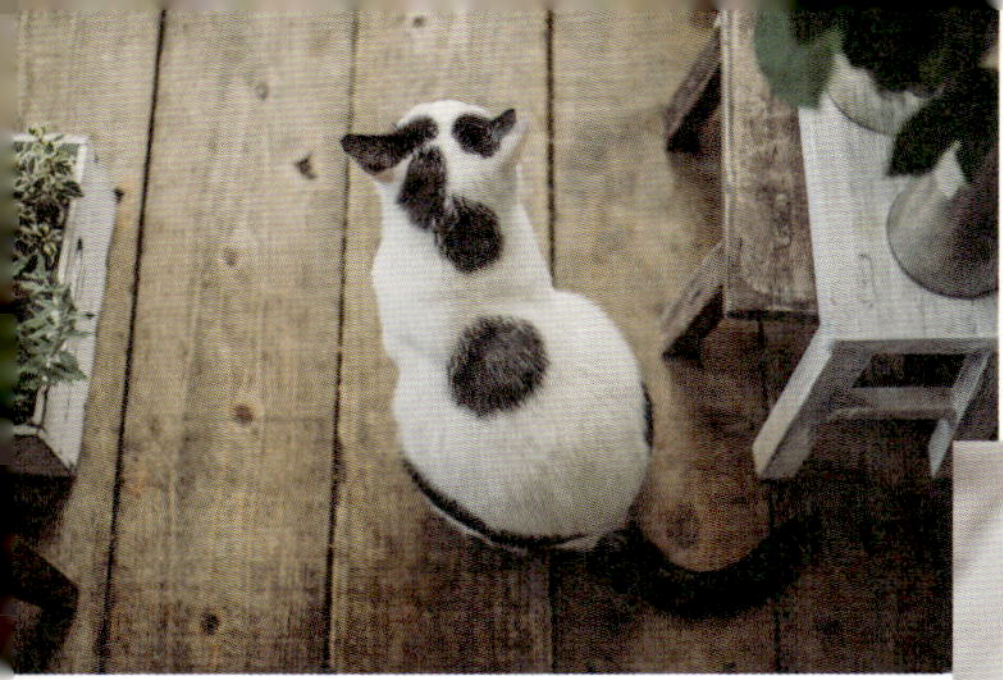
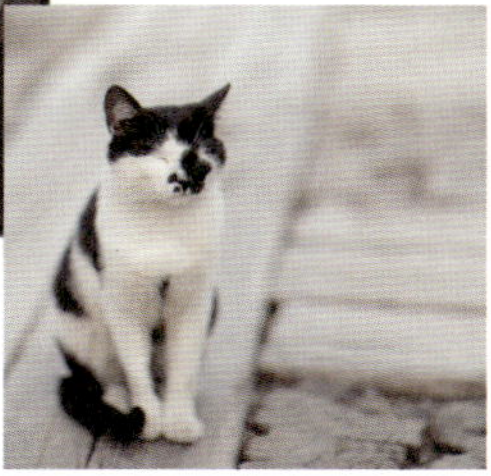
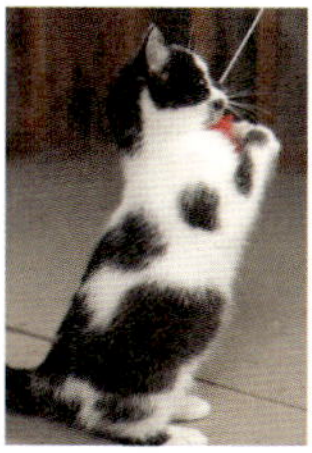
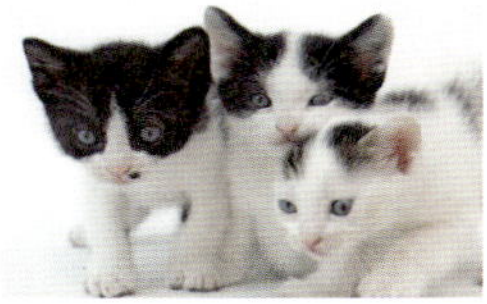
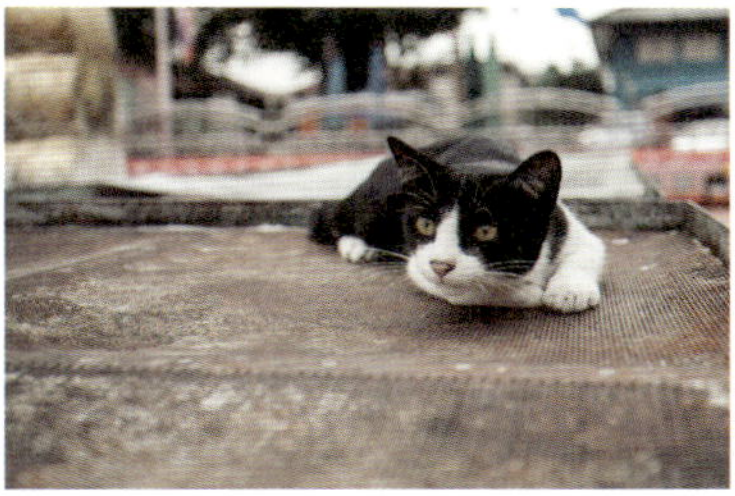

ブチ模様が1匹1匹違うように
性格もそれぞれ違うブチさん

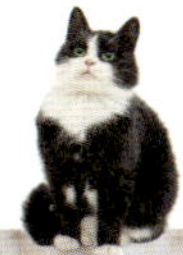
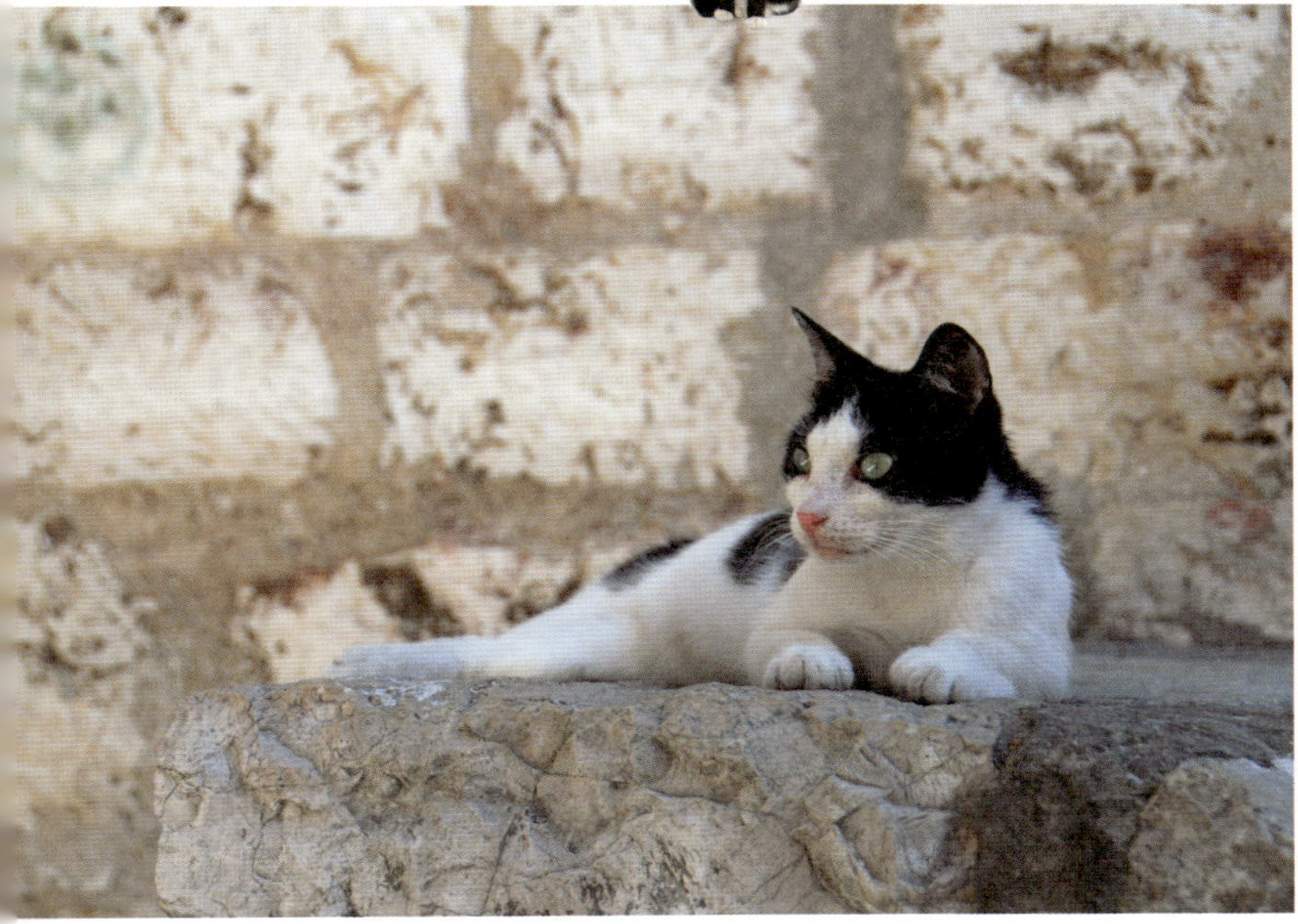

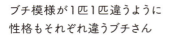

まるでヒゲのような模様のブチさん

こんな牛さんみたいな模様も！
モノトーンでオシャレでしょ？

cat’s pattern

ここはとっても大事なので、
『トラねこのトリセツ』、『ミケねこのトリセツ』と
共通するところがあるにゃん！

大石孝雄先生（元東京農業大学教授）が教えてくれる

毛《け》柄《がら》によってねこの性格は変わる？

あなたにピッタリのパートナー探し

ブチねこ。黒白模様はクラシックでどこか落ち着いている？　田舎の家でもよく見かけました。猫は毛柄によって、性質や性格が違うの？　そこで貴重な調査結果をお持ちの専門家、伴侶動物学・動物遺伝学の大石孝雄先生に「毛柄の謎」を教えてもらいました。

おおいし・たかお

1944年、京都府出身。農学博士。京都大学農学部卒業後、農林水産省に入省。畜産試験場育種部長などを歴任。退官後の2006年、東京農業大学農学部教授に就任。専門は伴侶動物学、動物遺伝学、動物資源学。これまでも8匹のねこを飼ってきた愛猫家。現在もねこ4匹、犬2匹に囲まれて暮らす。

先生、そもそも猫の毛柄によって、性質とか、性格に違いがあるものなのでしょうか。

「どうもあるようです。私が東京農業大学の学生たちと一緒に行った調査があります。その結果、毛柄によって、おとなしかったり、甘えん坊だったり、警戒心が強かったり……、それぞれに**特徴的な傾向があることがわかってきた**のですね。それから私が長年猫とくらしてきた経験からも、そう思います」（大石先生）

やはりそうですか。調査結果は22ページにあります。

「同じ猫という種ですから、基本的な性格・性質が大きく変わることはないのですが、それでも**毛柄によって性格に傾向がある**ようです。**茶トラはおっとり、キジトラ白は甘えん坊……ミケは賢いけれど、扱いにくい性格**といった結果もありましたね」（大石先生）

先生自身も、これまで一緒に暮らしてきた猫に当てはめて考えてみると、**この調査結果に納得**するところがあったのだとか。

大石家の茶トラは、おっとりして社交性が高く、食いしん坊、ミケと白猫は共に賢く、気が強かったそうです。

毛柄と性格の関連性についてはまだ詳しくは解明されていないけれど、**色素を形成する遺伝子と、感覚機能や行動、神経機能に関わる遺伝子との関係性などが推測**されています。

「私たちが調べた毛柄と性格の調査に類似する報告は、アメリカなどにもあります。1995年に『茶色のオス猫は攻撃的な性格を持つ』というレポートも発表されました。研究が進めば、もっと詳しい毛柄と性格の相関性が解明されるでしょう」（大石先生）

もちろん育った環境や人間によっても変わってきます。

とくに、生後2～7週までの間は、社会性が育つ大切な時期。母猫の母乳を飲みながら、兄弟猫と一緒に育った子は、他の猫とも共存できる社会性が身につくといいます。

この時期に人間との触れ合いが多ければ、その子は人慣れした性格に成長していく……。

「ただ、たとえば同じように野良猫から飼い猫になった場合でも、警戒心が強いサバトラと、甘えん坊の茶トラ白では、茶トラ白よりサバトラのほうが人慣れするのに時間がかかるということはありうると思います」（大石先生）

毛柄による性格の違いを、育て方や

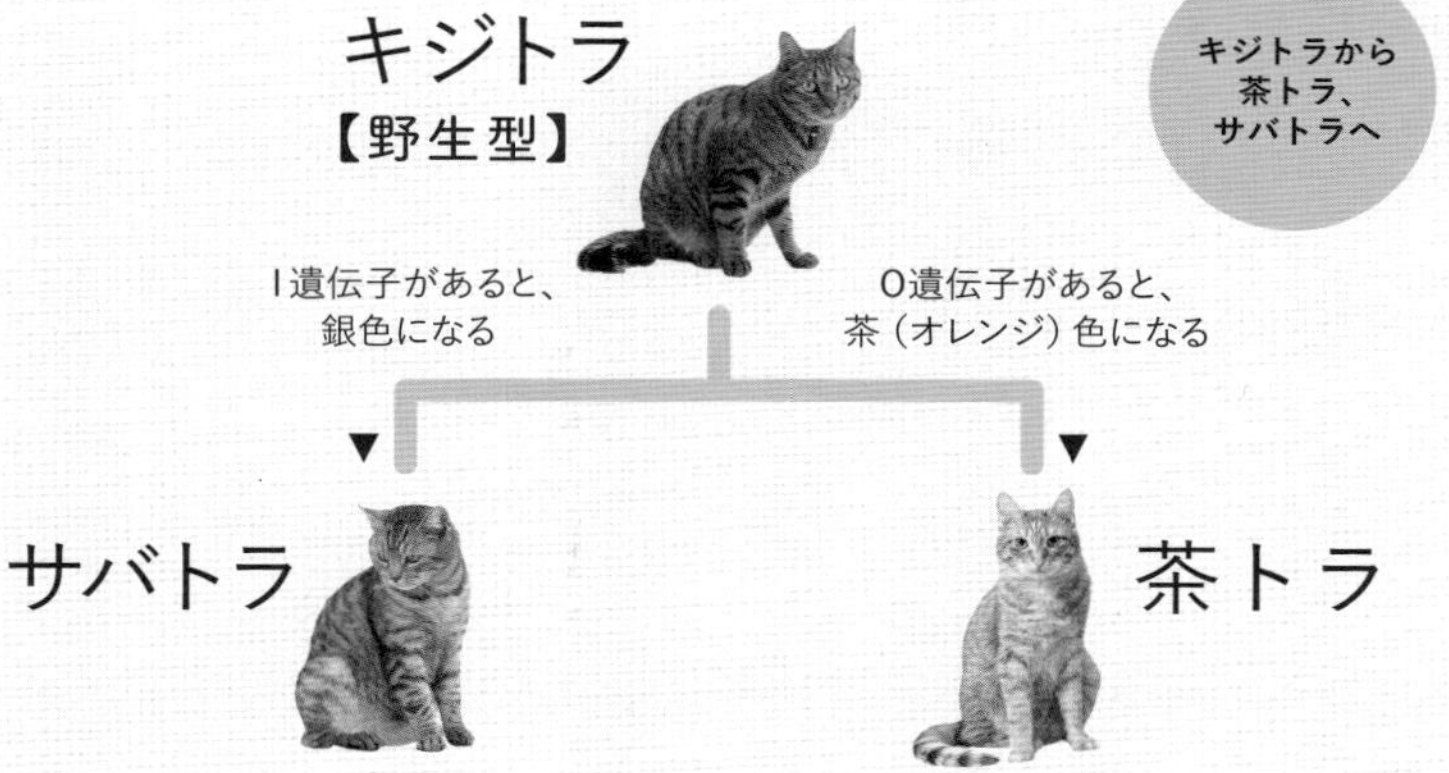
キジトラ
【野生型】
キジトラから
茶トラ、
サバトラへ
I遺伝子があると、
銀色になる
O遺伝子があると、
茶（オレンジ）色になる
サバトラ
茶トラ

キジトラから
黒とか白とか
サビとかミケに
キジトラ
【野生型】
aa遺伝子があると、
縞が抑えられ、黒色になる
W遺伝子があると、
白色になる
黒
白
Oo遺伝子もあると、
茶（オレンジ）ともう1色つくる
S遺伝子もあると、
白斑ができる
サビ
黒白
さらに
S遺伝子もあると、
白斑ができる
ミケ

数字が大きいほど、その傾向が強いにゃ～

 ミケ	 サビ	 黒	 黒白	 白
2.9	2.8	2.7	2.9	2.8
2.8	2.8	2.9	3.0	2.8
2.6	2.5	2.5	2.6	2.4
3.1	2.8	3.2	3.4	2.9
2.6	2.3	2.9	3.0	2.7
2.3	1.9	2.4	2.6	2.4
3.1	2.9	2.7	2.5	3.0
2.3	1.9	2.2	2.3	2.2
2.9	2.8	3.1	3.1	2.6
2.8	2.6	2.9	3.1	2.4
2.7	3.1	2.5	2.5	2.7
2.6	3.0	2.5	2.2	2.5
2.1	2.6	2.2	2.1	2.5
2.7	3.1	2.7	2.8	2.4
2.5	2.8	2.5	2.5	2.1
2.3	3.0	2.5	2.9	2.3
2.7	2.3	2.8	3.2	2.8

ネコの毛柄と性格一覧表！

性格	茶トラ	茶トラ白	キジトラ	キジトラ白
おとなしい	3.6	2.7	2.6	2.8
おっとり	3.6	3.1	2.8	3.0
温厚	3.3	3.0	2.6	2.8
甘えん坊	3.3	3.4	3.1	3.4
人なつっこい	2.8	2.8	3.0	3.2
従順	2.8	2.5	2.4	2.6
賢い	2.7	3.0	3.1	3.0
社交的	2.4	2.4	2.4	2.8
好奇心旺盛	2.8	2.9	3.1	3.2
活発	2.3	2.5	2.9	3.2
気が強い	1.9	2.5	2.8	2.6
わがまま	2.1	2.1	2.7	2.4
攻撃的	1.4	1.8	2.1	1.9
警戒心が強い	2.4	2.9	2.7	2.6
神経質	2.1	2.1	2.4	2.4
臆病	2.4	2.8	2.7	2.4
食いしん坊	3.0	2.6	3.1	2.9

2010年、大石先生が東京農業大学で実施した「毛柄と性格に関する調査」による。「おとなしい」「甘えん坊」「気が強い」など17項目について、9種の毛柄の猫にあてはまるかどうか、飼い主に5段階評価（5点満点）で回答してもらい、その点数の平均値を表にまとめた。数字が大きいほど、その傾向が強いと推測される。

暮らし方の工夫の参考にしたらいいということですね。

「『人なつっこい茶トラ白だから、一緒に遊ぶの大好きだね』など、毛柄に合わせて、暮らしやすい環境を整えてあげるといいのではないでしょうか。

　猫は困った行動をするときもあります。そんなとき、毛柄から解決策が見つかるかもしれませんね」（大石先生）

毛柄はどんなふうに決まる？

　毛柄によって猫の性質が違う理由なのですが……そもそも、日本の猫はどこから来たのですか？

「飼い猫はすべて、エジプトなどの中東をルーツとする野生の**リビアヤマネコ**がルーツといわれています。中東にはいまもいますよ」（大石先生）

　キジトラに似てますね。これが元々のネコの柄ということでしょうか。

「そうです。土の色に近く、風景のなかに身を隠しやすかったのですね。ヤマネコといっても大きさは日本のイエネコと同じくらいの大きさです。古代エジプト時代、食糧や衣類のネズミ対策で飼われるようになり、シルクロードや船舶に乗って、日本にやって来ました」（大石先生）

　その過程で、さまざまな毛柄へと変わっていったのですね。

「ちょっと専門的な話になりますが、毛柄を決めるのは『**遺伝子座**』といって、染色体の一部のことですね。『遺伝子座』には9種類あるんです」（大石先生）

①W＝ホワイト（白）
②O＝オレンジ（茶）
③A＝アグーチ（1本の毛に縞が入る）
④B＝ブラック（黒）
⑤C＝カラーポイント（顔や体の先のほうに色が出る）
⑥T＝タビー（縞）
⑦I＝インヒビター（シルバーが出る）
⑧D＝ダイリュート（色を薄くする）
⑨S＝スポッティング（体の一部を白くする）

　そして、遺伝子には優性と劣性の遺

リビアヤマネコはアフリカの北側の砂漠近くにいるにゃ。

伝子があります。9つの遺伝子座と優性・劣性遺伝子を組み合わせていくと、**猫の毛柄は「キジブチ」や「白黒ブチ」「キジニケ」など16通り!**

優性の遺伝子は、子に必ず受け継がれるけれど、劣性遺伝子は孫の世代以降に受け継がれるのだとか。そのため親とは違う毛柄になることもあるんですね。

「もうひとつ。**ミケはオスがほとんどいない**ということを聞いたことがあるでしょう。毛柄が猫の生態に大きく影響を与えている例です。ミケの柄のオレンジ色が特殊で、**性染色体**が関係しています。白や黒を決定する遺伝子は性染色体以外の常染色体上というところに存在しますが、オレンジを決定するO遺伝子だけは、性染色体のX染色体上にあるのです。そして、Oo遺伝子の組み合わせのときだけ茶と黒(またはキジ縞)の斑点、つまりミケになります。メスの性染色体はXXなので、Oo遺伝子の組み合わせを持つことができますが、オスの性染色体はXYなので、X染色体は一つしかなく、O遺伝子、またはo遺伝子しか持てません。そのため、**ほとんどのミケがメス**なのです。**まれなオスのミケは染色体異常によってくらいしか生まれません**」(大石先生)

猫の毛柄が増えた理由

「時代時代によって、あるいは地域によって、毛柄への好き嫌いという要素が加わることもあったでしょう」(大石先生)

いつの時代も、人間なんて勝手なものなのかしら?

「毛柄の好き嫌いで、顕著なのは**黒猫**でしょうか。不吉なイメージを持つ人がいる一方で、アニメや企業のキャラクターとして愛されています。

商売繁盛の『招き猫』なら白かミケと決まってます。ミケは無難に多くの人に好かれるからでしょう。猫の毛柄は、人間の勝手なイメージで取捨選択されてきたという歴史があるのです」(大石先生)

歴史を振り返ると、シルクロードの交易や大航海時代など、人間の移動範囲が広がるにつれ、猫も荷物をネズミから守ったり、海難のお守りなどとして、さまざまな地域に運ばれました。その結果、ある毛柄が特定の地域に集中することも。たとえば、茶色やオレンジ色を持つ猫は、西ヨーロッパでは36%以下、東アジアでは50%以上に達している地域もあるのだとか。

毛柄と性格

ブチねこ

模様と同じ、個性的な性格！

猫の毛柄といえば「黒白！」「ブチ！」という人も多いのでは？　**地色の白毛に、黒や茶**などの濃い毛色が斑点になっているのがブチ。**斑点の大きさや形、表れる場所には個体差があり、背中の模様がハート型のように見えたり、頭部の毛がかつらのように見えたり……。**毛柄のおかげで愛嬌のある姿になっているブチねこさん多し！　この毛柄を決めているのも、もちろん遺伝子。「ブチねこが生まれるためには、ま

ず白斑の発現を支配しているS遺伝子座で優性のS遺伝子を持っている必要があります。そして、白毛の発現を支配するW遺伝子座では劣性のw遺伝子を持っていることも条件になります。この組み合わせにより、地は白毛で、黒やキジや茶などのブチが生まれます」（大石先生）

おなかはかわいい白毛！

ブチがどんな毛柄になるかは、茶（オレンジ）のO遺伝子座と、トラ（縞）柄のA遺伝子座の組み合わせで決まります。

キジブチと白黒ブチの場合、黒色を発現させる劣性のo遺伝子を持つことは共通しているけれど、A遺伝子座に違いが！　キジブチは優性のA遺伝子、白黒ブチは、単色になる劣性のaa遺伝子になります。また、茶ブチの場合は、O遺伝子座は優性のO遺伝子になり、この遺伝子がA遺伝子座の発現を抑えているのです。

「さらに**ブチの模様が体のどこに出るかは、受精卵が細胞分裂をするごく初期の段階で決まる**んです。たとえば、一部の細胞でO遺伝子が休眠すると、その部分には茶毛は出ないということになります」（大石先生）

猫の毛柄には、背中の上からソースをたらしたように色がついていく、という法則があります。そのため、ブチねこもブチの模様が出やすいのは背中や脇腹、頭などで、**おなかの中心はかわいい白毛に。**

ブチ柄は、1頭1頭に特徴があり、その子ならではの柄が楽しめるのも魅力！

毛柄と性格

ブチねこ

シロ・クロどっち？白黒つけられない！

さまざまな毛柄のうち、**謎の性格を持つ**といわれるのがブチ。ミケのように甘えてきたと思ったら、自己主張が激しかったり、まさに「白黒つけられない性格」、というより、「ブチねこは、この性格」と呼べる**最大公約数の特徴が見つけにくい**のだとか。

「私の毛柄と性格の調査でも、黒白のブチを調べてみましたが、『**甘えん坊**』や『**人なつっこい**』『**好奇心旺盛**』『**活発**』『**食いしん坊**』**の項目で**

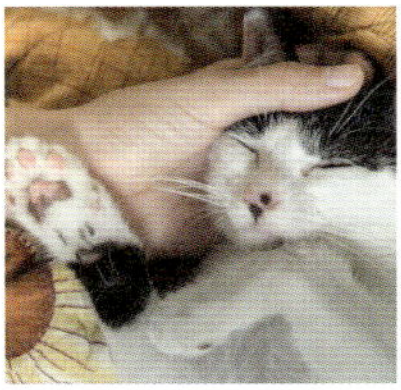

比較的、平均得点が高めだったもの、他の毛柄の猫にくらべると、とくに高いとも言い切れない点数だったのです」（大石先生）

　確かにデータの平均得点をじっくり見てみると、他の毛柄の猫にくらべても、どれも平均的な点数。具体的には、「甘えん坊」が「3・4」でもっとも高く、次いで「食いしん坊」が続き、「好奇心旺盛」「活発」「おっとり」「人なつっこい」の項目も比較的高めなのです。

「ブチねこ」と言っても……

　ところが、逆に低い点数の項目を見ても、それほど数字が低いわけでもない。たとえば、もっとも得点が低いのは「攻撃的」で「2・1」、その次が「わがまま」の「2・2」です。**サビや茶トラなどにくらべると、高い点と低い点の間に、それほど差がついていません。**

「各項目の平均得点の数字を見ると、キジ柄の結果にとてもよく似ています。猫らしい性格をしているとも言えるかもしれません」（大石先生）

　ブチねこの毛柄は、猫によって模様の出る場所や大きさ、色が違います。**白地に小さいブチの子もいれば、大きなブチが体を占めている子**もいます。また、色もパンダのようにくっきりした黒白の毛色もいれば、斑点にトラ柄が入っている毛色も。

　ひと口に「ブチねこ」と言っても、実際には、そうしたさまざまな毛柄の違いがあり、この**毛柄の幅広さが性格にも影響し、個々の猫で性格が違う**ということになるのかも。

毛柄と性格

ブチねこ（白が多い）と白ねこ

白は自然界で目立つ！だから賢いサバイバーに

「白ねこなどの単色ねこや斑点が点在しているブチねこにも、リビアヤマネコが持っていた遺伝子は引き継がれています。ただリビアヤマネコとのつながりが想像しやすい**キジトラなどのトラ柄とは、遺伝子の支配の仕方が少し違います**」（大石先生）

ブチねこをもっと深く知るために、白ねこについてもお話ししましょ。

毛柄を決める遺伝子が、じつはいちばんシンプルに働いているのは、白ねこ。白ねこは、白毛の発現を支

配するW遺伝子座で優性のW遺伝子を持っています。このW遺伝子が、トラ（縞《しま》）を作るA遺伝子座などの発現を抑えるため、全身が真っ白になります。

白い毛はきれいだけれど……

野生の世界で、体が白い動物は異色。緑や茶色で彩られた自然のなかで、白はとても目立ってしまう！

「白ねこも野生の中で生き残っていくのは大変ですから、トラ柄などにくらべると、個体数は少ないのではないかと思います」（大石先生）

そんな**白ねこの性格は、「賢い」**と大石先生は言います。厳しい自然界を生き残っていくには、サバイバーとしての賢さが必要だったのかもしれません。

「私の過去の経験から、**白ねこは警戒心が強く、神経質な性格だという感じもします**ね。それは裏を返せば、『賢さ』にも通じるのではないかと思います」（大石先生）

大石先生が東京農業大学の学生さんと一緒に、毛柄と性格の関係を調べたデータでも、白ねこの性格で**もっとも平均得点が高かったのは、「3・0」で「賢い」の項目でした。**また、「甘えん坊」が「2・9」、「食いしん坊」が「2・8」と白ねこの得点のなかでは、高い点数が出ています。

安心できる環境で暮らしていると、白ねこも警戒心を解き、他の毛柄のねこと同じように甘えん坊の性格になるのかもしれません。白が多いぶちさんは、白ねこさんに似ているかもしれませんね。

毛柄と性格

ブチねこ（黒が多い）と黒ねこ

見た目で損してる!?
じつは活発で好奇心旺盛な黒

ブチとの関係が深そうな、もうひとつの単色ねこの代表、黒ねこについても勉強しておきます。

黒ねこは、白ねこよりも遺伝子の働きは複雑！　W遺伝子座は白色以外を発現させる劣性のｗｗ遺伝子、茶（オレンジ）のO遺伝子座では黒色を発現させるｏ遺伝子に、トラ（縞）模様を発生させるA遺伝子座は単色になるａａ遺伝子を持っています。

さらに黒色を発現するB遺伝子座

では優性のB遺伝子になっています。

「もうひとつ、重要なのが『カラーポイント』を支配しているC遺伝子座です。**カラーポイントとは、劣性遺伝子の存在で鼻先や手足の先など、体の先端部分に毛色が出ること**をいいます。典型的なカラーポイントがシャムねこですね。黒ねこには、このC遺伝子座も影響していて、優性のC遺伝子を持っているので、カラーポイントにならず、黒色になるのです」（大石先生）

黒は賢く、甘えん坊？

結局、その黒ねこの性格はどうなのかしら？

調査結果を見てみると、黒ねこの場合は、「甘えん坊」が「3・2」ともっとも高く、次に「好奇心旺盛」が「3・1」。また、「活発」や「おっとり」「人なつっこい」の平均得点も「2・9」と高めの得点。**比較的にやんちゃでかわいらしく飼いやすい性格**といえそう。黒が多いブチさんもそんな傾向があるのかも。

黒ねこは、黒の不吉なイメージが災いして、もらい手探しに苦労することもある一方で、熱烈なファンもいます。実際に黒ねこと暮らしている人のなかには、「賢く、甘えん坊で飼いやすい」と言う人も多いし……。

黒ねこは中世ヨーロッパでは、魔女の使いとして忌み嫌われた時期があったり……でも、ちょっとでも白が入ってブチさんになると、かわいい～となってしまう。人間って勝手だにゃ～、という猫たちの声が聞こえてきそうです。

ブチねこ・白ねこ・黒ねこ
相性がいい人は？

ブチねこ・黒ねこは活発で楽しい
繊細な白ねこは十分なケアを

さて、ブチさんと一緒に暮らす場合、
問題は、飼い主である私たちとブチさんとの
相性ですね。毛柄で性格に傾向があるのなら、
その傾向を参考にしない手はないにゃん！
ブチさんとの相性がいい人とは？

黒ねことブチねこは、結構似ているところもあって、甘えん坊で好奇心旺盛。楽しく暮らせそうです！

相性の良し悪しを強いていえば、活発すぎる性格をどう考えるか？

ときには飼い主さんが困るような行動をとることもあります。ひとり暮らしや共働きなどで、一緒にいる時間が少ない場合は、ブチねこや黒ねこのなかでも、**おっとりした性格の子と暮らしたほうがいい**かも。

一方、相性を見極めたほうがいいのは、白ねこです。

真っ白な毛が美しく、優雅な白ねこだけど、注意も必要。そのひとつが、メラニン色素をほとんど持たな

いため、**紫外線の浴びすぎはNG。がんにもなりやすい**のだとか。どの毛柄の猫も感染症や事故の危険性を考えると室内飼いがベストですが、とくに白ねこは要注意！

もうひとつは、聴力。白ねこには、左右の瞳の色が違う「オッドアイ」が生まれやすく、オッドアイの青い瞳側にある耳は、聴力障害を持ちやすいと言われています。その理由は完全には解明されていないけれど、一説には、白い毛を発現させるW遺伝子が、耳のなかで音を増幅させる「コルチ器」にも影響を及ぼすため、とも。

「**白ねこ**には他の毛柄の猫と同じように人なつっこい子もいますが、警戒心が強い子も少なくありません。**繊細な性格の場合は、大人だけの家庭やゆっくり過ごせるスペースがある家**で飼ってあげたほうがいいでしょう」（大石先生）

白ねこはそんなケアをしてあげられる人が向いています。

活発なブチと毎日活発に！

ブチねこと黒ねこの場合は、好奇心が旺盛で人なつっこい子も多いので、**飼い主さんとの相性は白ねこよりも幅広い**といえます。

活発すぎていたずらをするようなときは、壁紙に爪とぎの予防シートを貼ったり、入ってほしくない場所には扉をつけて毎回、しっかり閉めるなど防止策を。

また、いたずらが盛んなのは、3歳くらいまで。年齢を重ねると落ち着いてくるし、人との暮らしにも慣

れて、子猫時代のような突拍子もない行動は減ってくるはず。

　最近では、保護猫団体などから、あえて成猫を譲り受ける飼い主さんも増えてきています。

　成猫のいいところは、その子の個性や性格が子猫よりわかりやすいこと。猫との暮らしに落ち着きを求めるなら、そうした大人のブチねこや黒ねこを譲り受けるというのも出会い方のひとつ。

　どちらにしても、**好奇心旺盛で活発なブチねこと黒ねこ。猫と一緒に楽しく遊びたいという人向け**かも。

参考図書『ねこの事典』
（今泉忠明監修・成美堂出版発行）

ブチねこさん・黒ねこさん・白ねこさん 相性相関図

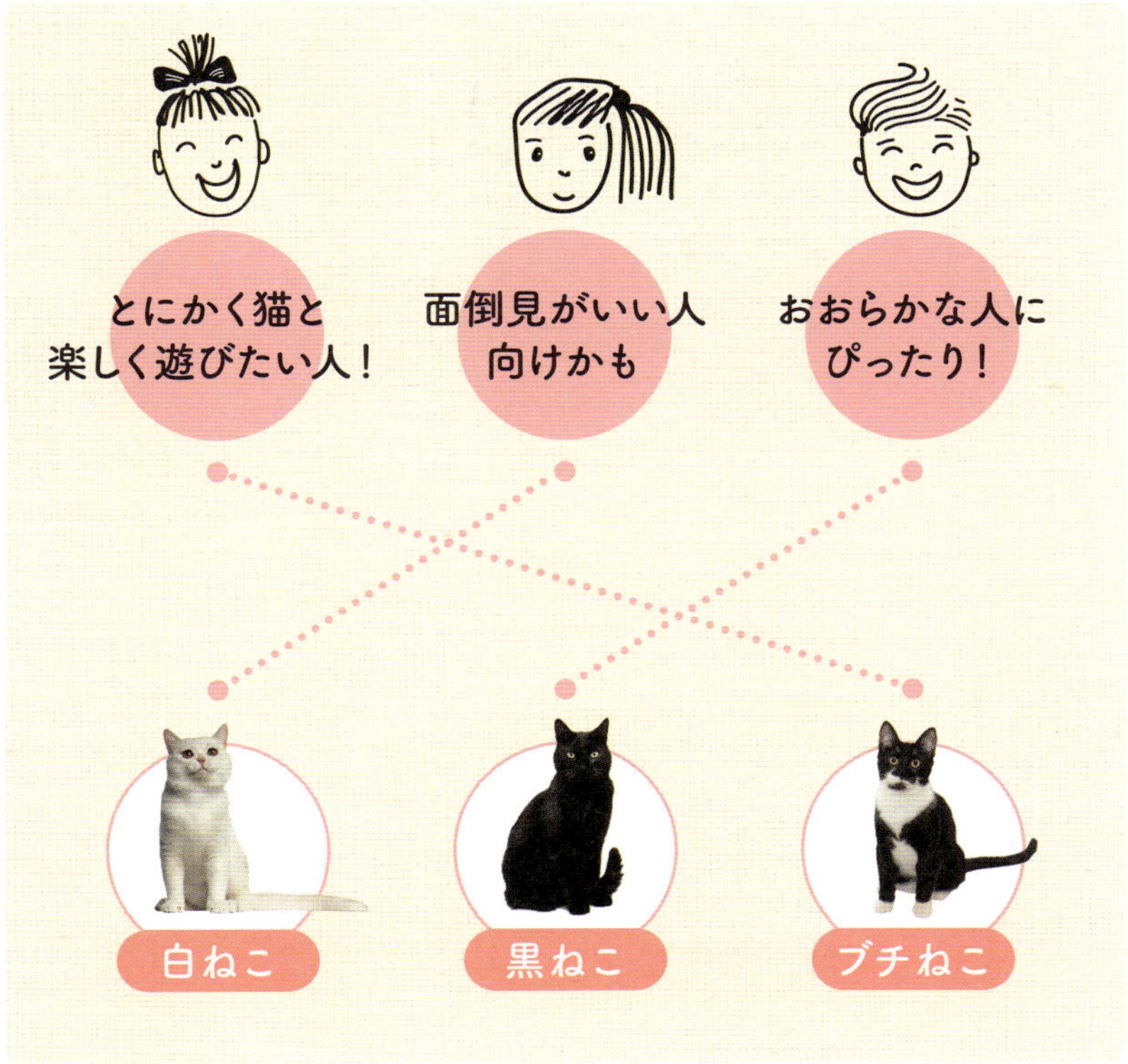

ブチねこ・黒ねこ・白ねこの○と×

ブチねこ・白ねこ・黒ねこの長所や短所、やっていいこと・あまりやらないほうがいいことをまとめてみると……。一緒に暮らす前の猫さん選びや困ったときのヒントにどうぞ。

■ブチねこ

○個性を楽しむ

ブチねこの性格はバラエティ豊か。
性格が分かりやすい成猫を迎え入れる手も

■黒ねこ

○幸運を招くかも

黒ねこは幸運のお守り。
お金を呼び込むという説も

■白ねこ

×騒がしい

繊細な性格の白ねこは、騒がしい環境が苦手

※ねこの性格には成育や性別などの違いも影響します。
個体差も考えて、ストレスのない生活環境を整えてあげることが大切です。

■白ねこ

×紫外線

白ねこは紫外線に弱い。
外飼いはNG

■白ねこ

○のんびりひとり空間

白ねこは内向的。一匹でのんびりと過ごせるスペースを確保

■白ねこ

○よ〜く観察

白ねこでオッドアイの子は、
青い瞳側の耳に聴力障害があることも。
行動を注意深く見守ってあげて

■黒ねこ

×一方的に怒る

好奇心が旺盛で活発な黒ねこは、
いたずらを怒っても効果なし。
防止策を考えましょう

■ブチねこ

×無関心

ブチねこは甘えん坊。
しっかりコミュニケーションを
とってあげましょう

ねこの聖地をゆく・ブチねこ篇

定番なのに、見たことにゃい!?
白黒柄の「眠り猫」

徳川家康を祀る
「日光東照宮」は、
日本有数のパワースポット。
その社殿にほどこされた
精巧で壮麗な数々の
木造彫刻のなかで、
有名なもののひとつが、「眠り猫」。
2016年にお色直しをして
キュートな姿が蘇りました。
さぁ、世界遺産・日光東照宮を
めぐるミステリーツアーに
出かけましょう！

栃木県日光市
「日光東照宮」

文＝角田奈穂子（フィルモアイースト）
text by tsunoda naoko (fillmore east)
写真＝福原 毅
photographs by fukuhara takeshi

「眠り猫」は家康の墓所、奥社へ続く潜り門の上にある。2016年11月、約60年ぶりに塗り替えられ、白黒ブチも鮮やかな姿に。

大正元年（1912）落成のJR日光駅。ネオ・ルネッサンス様式の木造2階建てで淡いピンクの外壁が目をひく。

「神橋」は日光二荒山神社の建造物で日本三大奇橋のひとつ。奈良時代の伝説から別名「山菅の蛇橋」とも。

神橋から道路を挟んだ場所にある「長坂」は、日光東照宮、輪王寺、二荒山神社に向かう表参道。秋の紅葉でも有名。

長坂から参道を上りきったところにある国の重要文化財の「石鳥居」。
高さ9mで、石の鳥居としては日本一高く、大きい。

神社に珍しい猫の装飾

「3匹みんなが健康で長生きできますように——」。

日光東照宮に奉納された「眠り猫」の絵馬をめくると、家内安全や学業成就に混じって、飼い猫の健康と長寿を願う絵馬を見かけます。

見ざる聞かざる言わざるの「三猿」をはじめ、十二支、霊獣の象や龍など、世界文化遺産・日光東照宮にある数々の色鮮やかな木造彫刻のなかでも、人気の高いのが、国宝「眠り猫」です。

「眠り猫」が有名なのは、江戸時代初期の名工、左甚五郎の作と伝承されていることもありますが、もうひとつ、大きな理由があります。神社仏閣の装飾に猫が用いられるのは、

見る角度で印象が違う「眠り猫」。当時、ブチが人気だったのか、徳川家で可愛がられていたのか、想像がふくらむ。

「眠り猫」の裏側にある雀の彫刻。竹林で2羽が戯れている。ちなみに「竹に雀」は伊達政宗の家紋でもある。

徳川家康公が祀られている奥社の御宝塔。坂下門までの絢爛豪華な社殿とは一転、墓所としての荘厳な静けさが漂う。

とても珍しいことなのです。

なぜ、猫が重要な場所に彫られることになったのか、その謎を解く鍵は日光東照宮の歴史にあります。

日光東照宮が造営されたのは、元和3年（1617）。もともと日光は、男体山を中心に山岳信仰の修験場として知られ、鎌倉時代には戦勝祈願の地として関東武士から篤い崇敬を受けていました。

この地に徳川家康が祀《まつ》られるようになったのも、徳川家の祖先である源頼朝が日光二荒山神社を尊崇していたからと言われています。そして、家康の死後、遺言に従い、二代将軍秀忠が日光東照宮を建造しました。

現在のような壮麗な社殿となったのは、三代将軍家光の時代。伊勢神宮などの大社が20年ごとに遷宮され

「眠り猫」の絵馬とおみくじ。お守りも含め、「眠り猫」の授与品には、奥宮でしか手に入らないものもある。

るのに習い、造り替えられました。その後も20～30年ごとに修繕が行われ、「眠り猫」も２０１６年の修復によって、白と黒の毛並みも鮮やかな生き生きとした姿に蘇ったのです。

角度によって猫の姿が

「眠り猫」があるのは、国宝の「陽明門」をくぐり、坂下門に向かう手前。家康公が眠る奥社に通じる東回廊の潜り門上です。

見上げると驚くのが、そのサイズ。写真から想像するよりずっと小さく、縦18センチ、横21センチとリアルな猫に近い大きさです。

興味深いのは、見る角度によって猫の姿が違って見えること。右方向から見ると、足元が長押に隠れることもあり、香箱を組みながら眠って

いるようにも見えます。ただし、耳は立ち上がっているので、ぐっすりと眠っているわけではなさそう。

一方、左方向から見ると、目を細めながら、前足を少し立てた姿をしています。まるでお尻をふるふると振って、いまにも獲物に飛びかかりそうな様子にも見えるのです。

「眠り猫」が何を表しているのかには諸説あり、ひとつは家康公を護るため、寝ていると見せかけ、いつでも敵に飛びかかれる姿勢をしているという説。もうひとつは、「牡丹花《ぼたんか》下睡猫児《かすいびょうじ》」という禅問答です。「牡丹の花の下で猫が寝ていると、人の気配を感じ、すぐに逃げてしまった。さて、本当に寝ていたのか、それとも寝たふりをしていたのか」という問答を表しているというのです。

「眠り猫」をくぐり坂下門から奥社に続く急勾配の参道。老杉に挟まれ、苔むした参道の207段の階段はすべて一枚岩でつくられている。

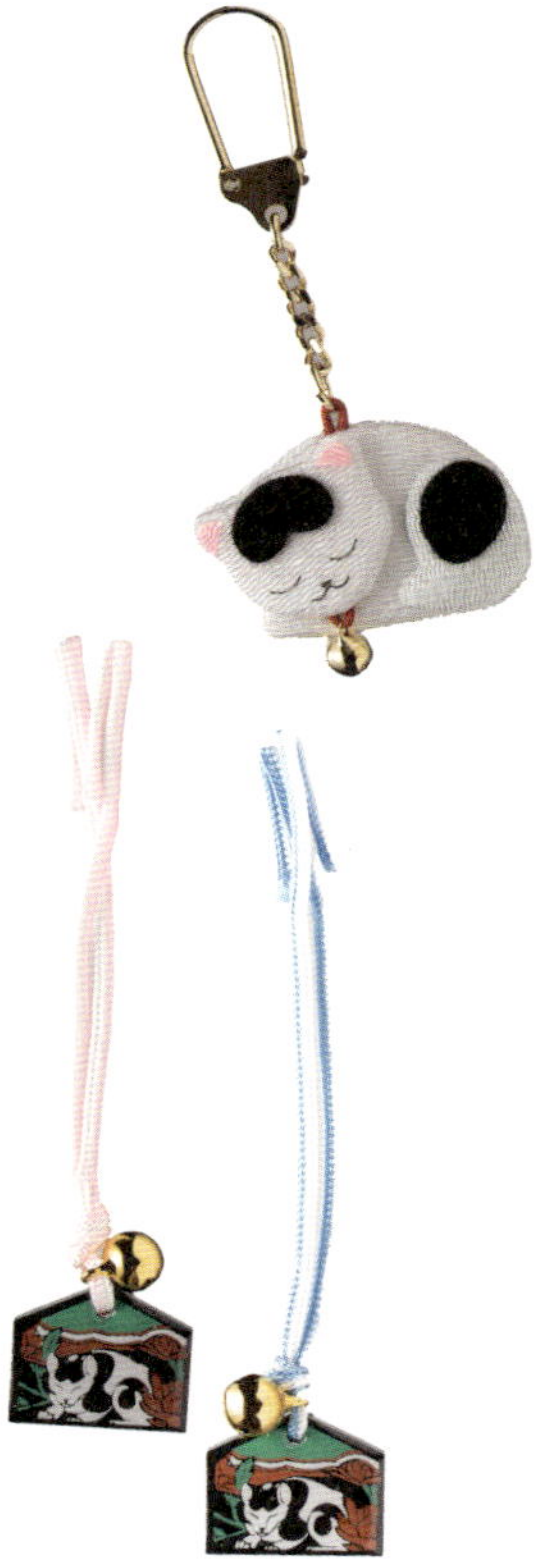

「眠り猫」最新のミステリー

３つめは、平和のシンボル説。「眠り猫」が彫刻された門の裏側を見ると、雀の彫刻がほどこされています。天敵の猫がそばにいても、雀が安心して遊べるような共存共栄の世界が表されているというわけです。

平和のシンボル説は、３つの説のなかで、もっとも有力と言われています。家康は日光東照宮の造営を指示する遺言のなかに「(自らが神として）関東八州の鎮守となろう」と記しました。「眠り猫」には、辛苦を極めた戦国時代を経て天下人となった家康の太平の世への願いが投影されているのかもしれません。

見る人に謎かけをしているような「眠り猫」は、２０１６年の修復時

春夏秋冬どの季節でも、1日中、眺めても見飽きないことから「日暮門（ひぐらしもん）」とも呼ばれる国宝の「陽明門」。

も新しいミステリーを生み出しました。それは、建造時の「眠り猫」が目を開けていたのか、それとも閉じていたのか、ということ。

2016年11月の修復直後は、担当した彩色工の判断により、薄目を開けた状態で公開されました。遠くから見ると「眠り猫」の目は1本の線のようですが、中央部を濃く塗ると、わずかに黒目がのぞき、薄目を開けているように見えるのです。

その後、日光社寺文化財保存会が「薄目を開けているとの伝承を確認できる史料がない」として、目を閉じた状態に再修復されました。

建造時、本当はどちらの目だったのか、380年以上経ったいまとなっては、根拠を示す新しい史料が発掘されない限り、永遠の謎となっているのです。

若狭小浜藩主が奉納した五重塔や神厩舎の「三猿」など、重要文化財も多い。猫以外の動植物の彫刻も美しい。

参考資料：『日光東照宮』
（発行：日光東照宮・栃木県日光市山内）

日光東照宮

栃木県日光市山内2301
TEL：0288-54-0560
【アクセス】
電車の場合：JR日光駅/東武日光駅下車、徒歩約35分。
バスの場合：JR日光駅前/東武日光駅前より、湯元温泉行・中禅寺湖行・奥細尾行・やしおの湯行に乗り西参道で下車徒歩約5分。もしくは、同駅前より世界遺産めぐりバスで表参道下車、徒歩約5分。
自動車の場合：日光宇都宮道路日光ICより約10分。

だって白黒なんだもの

エピソード「わたしのこころ、ねこのきもち」

川上麻衣子
kawakami maiko

末っ子の「タック」、ツンデレの「ココロ」

歴代7匹の猫が過ごしてきた我が家では、現在3匹の猫が私を出迎えてくれていますが、それぞれのまったく違った性格に日々癒やされています。

一番末っ子は、まだ仔猫のしぐさが残る茶トラのオス猫「タック」一歳。

タックとは、私が生まれたスウェーデンの言葉で「ありがとう」を意味します。この子はノラ猫として生きている母猫が、生まれたばかりの仔猫3匹と共に保護された際、なぜか1匹だけ、はぐれてしまった子でした。

雨にさらされ、カラスの攻撃を受けながら、まだあいたばかりの瞳は目ヤニで固まってしまいましたが、自力で3日間生き抜き、母親が保護された場所まで辿り着いた、たくましい男の子です。長崎が発祥、「幸福をひっかけてきてくれる」と言われる見事な鍵《かぎ》しっぽ。生まれてすぐに体験した数々のおそろしい出来事がトラウマとなることなく、人なつこい性格でのびのびと過ごしています。

そのタックの一歳半ほど年上。やはり保護されたキジ柄のメス猫が「ココロ」です。

この子は、虐待を受けて運ばれてきた猫のお腹にいた4匹のうちの1匹で、帝王切開で取り出されたときは、わずか90グラムしかありませんでした。お鼻がハートの形に見えたので、「ココロ」と名づけました。メス猫特有の、ツンデレ気質で、臆病で甘えんぼうな性格でしたが、年下のタックがあらわれた途端、急に大人びたしぐさをするようになり、新顔タックに猛烈な嫉妬をして、日々シャーシャーと威嚇《いかく》をくり返す癖がついてしまったようです。

我が家の長老、白黒猫の「アクア」

そしていよいよ3匹めが、我が家の長老、今年18歳となった白黒猫の「アクア」です。耳がたれたスコティッシュフォールドのオス猫で、アゴの下にある黒色のポイント柄のせいで、いつも口を開けているような、ちょっと間が抜けた表情で、訪れた友人たちや、仕事仲間のハートを、容易にわしづかみにしてしまう人気者です。

また短い手足が特徴の品種なため、仔猫の頃からオットリ型。机の上や台所に飛び乗ることもなく、気が付けば、食べているか、寝ているか。おかげで、まるまると太って、テプテプなお腹をゆらゆらさせながら「スコ座り」と呼ばれるふてぶてしい姿で癒やしてくれています。

このアクアに限っては、猫嫌いであった私の母親の心までをも奪い、今ではそっくりな人形を自宅ベッドに置き、アクアの代わりに一緒に寝ているほどだと言います。

インテリアデザイナーを職業とし、スウェーデンの大学で学んだ経験を持つ母には、白黒へのこだわりが強くあります。シンプルなフォルムを好み、余計な装飾を嫌う母の影響で自然と私も自ら暮らす部屋が白と黒に統一され、洋服も白、黒、あるいは白黒ストライプ柄が基本となり、母娘共に同じようなものを選ぶ傾向にあります。

当初は「どこが可愛いのかしら?」とつぶやいていた母が、今では「私のネコ」とまで溺愛する理由を聞いてみたところ、「だって白黒なんだもの」といたってわかりやすい答えが返ってきました。たしかに、白黒のインテリアの中で寛ぐアクアは、まるで置物のように部屋に馴染んでいます。

これは、私の簡単な実験で勝手に納得していることなのですが、私が白黒の服を着ているときのアクアの甘え方、身の委《ゆだ》ね方は、他の色の服のときとは明らかに違い、安堵感が身体全体から伝わってきます。

猫の目は赤いろを認識できない反面、白と黒の判別は、暗いなかでも見分けることが可能なのだそうです。果たしてアクアが自分の身体の色を把握しているかどうかは疑問ですが、白黒の猫は白黒を好むのではないかと、考察しています!

そして、目下一番の猫のふしぎは、「猫のゴロゴロ」。長老アクアは3匹のなかでも、この、喉なのかどこからなのかまだ解明されていない場所から響いてくる「ゴロゴロ」

をよく鳴らしています。

一説によれば、この震動が、病気や骨折を治す力があるのだとか。

共に生活をしていると、神秘的な猫の魅力に飽きることがありません。

「個」として淡々と生きる姿が、時に孤独に負けてしまいそうな人間には、美しく見える気もします。

18歳は人間にたとえれば米寿を迎えた年です。

猫は私にとって人生の師匠。

ゆっくりのんびりと時を費やし、一日でも長く共に同じ時間を重ねていきたいと願っています。

かわかみ・まいこ

1966年スウェーデン生まれ。1980年NHK『ドラマ人間模様【絆】』で女優デビュー。同年TBS『3年B組金八先生』に出演し、一躍注目を集める。1996年映画『でべそ』で日本映画プロフェッショナル大賞主演女優賞を受賞。ガラス王国といわれるスウェーデンで北欧の吹きガラスに出会い、10年以上のキャリアを持つガラスデザイナーでもある。三匹の愛猫との生活を綴った『彼の彼女と私の538日～猫からはじまる幸せのカタチ～』や北欧の絵本『愛のほん』などの翻訳も手がけ、幅広い活躍を続けている。
※掲載のイラストも川上さんの作品

ねこまき × ブチねこ

春

ミューズワーク（ねこまき）

名古屋を拠点に、夫婦でイラストレーターとして活動。コミックエッセイ、広告イラスト、アニメなどを手がける。『まめねこ』『ねことじいちゃん』などねこが登場するほのぼのとしたマンガでねこ好きからの支持が熱い。原作のアニメ化、映画化が続々と進行し、ますます注目度が高まっている。

じ……
桜をながめてる！！
情緒あるぅ〜
どれ…
あっ…
にゃ
チチ
にゃ
にゃっ
スズメね…

ねこまき
×
ブチねこ

夏

リーーン
エサあげるー
じ…
何だこいつぁー
ふん
ふん
わーっ
ブチっ
ストーップ!!!
たべちゃダメっ

ねこまき×ブチねこ

秋

じゅ〜〜
じゅわ〜〜
パチ
パチ
住宅街でこれやったらおこられそ…
すげ〜ケムリ出る〜
もくもく
ゆらり…
ぎゃ〜
わ〜っ
これはキミらに焼いてるんじゃないのっ
しっしっ
わっ
やめなさいっ
ヤケドするよっ
ちがう…あれはたかられてるのよ…早く助けてあげて
ニャ〜ン
じゅ〜
ニャー
じゅ〜
パパがあんなになつかれてるのはじめて見た!!

ねこまき × ブチねこ

冬

正月
キミたちさー
せっかく集まってるんだし
おーーい
ピコピコ
みんなで一緒にあそばない？
えー
何なに
カルタ？
学校でやったことある
いくぞー
にゃーと鳴く我が愛猫のいとしさよ
あった
バシッ
さむい日もみなであそべばあたたかい
あーっ
あっ
ちょっとブチっ
にー
ボクらもあそぶにゃー
フフフ

living together

ここはとっても大事なので、
『トラねこのトリセツ』、『ミケねこのトリセツ』と
共通するところがあるにゃん！

さぁ、一緒に暮らそ！ 大石孝雄先生直伝にゃん

ブチさんがやってきた！

暮らしたい、暮らしたい、暮らした〜いッ！
やったー、いよいよブチさんがやってくる。
大石先生に聞いてみよ！

監修＝大石孝雄
oishi takao

にゃんライフタイム
ねこの年齢別お世話

出生時

●100g前後で誕生！

目も開いておらず、耳も聞こえないほか、排泄や体温調節も自分ではできません。ただし、ミルクはすぐに飲みだします。毎日約10gずつというペースで体重が増えて、大きくなっていきます。

gohan

ねこがよろこぶ

ごはん

ウェットフードのチョイ混ぜがおすすめ

キャットフードには、カリカリしたドライタイプ、缶詰やレトルトパウチなどのウェットタイプがあります。ドライタイプはこれだけでも栄養バランスが満点で、そのうえ便の状態もちょっぴりドライで片付けがしやすくなります。

ただし、ドライフードは水分が10%以下。そこで「**ドライフードを中心に、猫の嗜好性《しこうせい》を考えてウェットタイプをちょっと混ぜてあげる**」のが大石先生のオススメです。

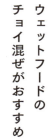

1週齢（生後〜7日）

●目は開いていても

まだ見えませんが、耳は聞こえるようになってきます。母猫がいない場合は、湯たんぽなどで体温を調節してあげたり、哺乳瓶でミルクを与え、また母親がなめるように身体をなでてあげましょう。

2週齢（8〜14日）

●目が見え、歯も生える

猫がほかの動物とのコミュニケーションを学び、社会に慣れるための時期を「社会化期」と言いますが、これは早くて2週齢から始まり、9週齢まで続くと言われます。外の世界に慣れさせましょう。

3〜4週齢（15〜28日）

●視力や聴力が成猫並みに

ほかの子猫と遊べるようになったり、爪の出し入れができるようになるのも、この時期です。また自分でトイレができるようになるので、トイレを用意するほか、離乳も開始して離乳食をあげ始めましょう。

「猫の食事の仕方にも、狩りをしていた時代の習性が色濃く残っています。たとえばちょっとずつ食べるクセ。これは昔、獲物を捕まえて穴ぐらなどに貯蔵しておき、少しずつ食べていた習性から来ていると言われています。つまり一度で完食することは少ないのです」（大石先生）

季節によってはいたみやすいウェットフードを与える場合はとくに、一度に与えずに何度かに分けてこまめに食べさせてあげましょう。

人が普段食べていても、猫にとっては危険な食べ物もあります。

ネコに危険な食べ物は、タマネギ、長ネギ、ミョウガ、ニンニクなどのネギ科の野菜で、貧血や下痢などの原因になる物質が入っています。

魚介類では、イカや貝などのほか、サバも危険。

「ヒスタミンが高濃度に入っているので、アレルギーが起こることも。腎不全の原因になるぶどうやレーズン、命に関わる中毒を起こすこともあるチョコレートもNG。乳糖を分解する能力が弱い猫には、牛乳も与えないほうがいいですね」（大石先生）

絶対に猫には与えないのはもちろんのこと、うっかり猫が口に入れることがないよう、飼い主がしっかり管理することも忘れずに。

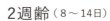

5〜7週齢（29〜49日）

●体重は500gを超えて

青っぽかった目の色も成猫に近くなってきます。乳歯が生えそろうので、ミルクより離乳食の割合を増やし、子猫用のキャットフードにも少しずつ慣れさせるようにしましょう。

2か月齢

●動物病院で1回目のワクチン

9週齢までの社会化期は残りわずか。この時期にひと通りのケアや遊びなど多くのことを経験して、慣れることができるかどうかが飼いやすさに影響することも。

3か月齢

●2回目のワクチン接種

2回のワクチンは、母乳に入っていたウィルスや細菌を原因とする病気の抗体の、効果が切れるために打つもの。以降のワクチン接種は年1回でOKです。

4か月〜6か月

●乳歯が抜け落ちて……

永久歯が生えそろいます。メスの場合は早ければ4か月で発情期を迎えることも。一方、オスでは、早くて5か月。メスは避妊手術、オスは去勢手術をおこないます。

toilet

ねこが安心する トイレ

いつも同じ場所が好き。ここちよいトイレづくりを！

猫はいつも同じ場所で排泄する習性があります。トイレの覚えがいいのもそんな理由から。ほかの動物より飼いやすいですね。**「砂をかける行為も野生の名残で、においで位置が判明しないように、自分の存在を消す本能的な行為ですね」**（大石先生）

この習性を考えると、鉱物、紙、木材などの素材のトイレ砂は猫にとってはとても快適な環境。排泄物をできるだけ早く処理し、ここちよいトイレづくりを心がけましょう。

ねこのベストトイレ

❶いつも清潔に

猫はきれい好き。いつも清潔でないと大きなストレスを感じるので注意！

❷猫が落ち着ける場所

人目につかない場所、たとえば部屋の片隅やケージのなか。変化を嫌うので一度決めたら変えないように。

❸食事場所からは離して

猫は食事をする場所で排泄しない習性を持っているので、離して設置！

6か月〜1歳

●大人の身体に

猫の6か月齢は、人で言うと9歳の小学3年生。ほぼ完全に大人の身体になる猫の1歳は人の15歳相当と言われ、早くも思春期に突入します。以降1年ごとに人の4歳分、年を取っていくという説が一般的です。

成猫期（1歳）

●もうすっかり大人猫

1歳を迎えれば大人の体つきになってきます。子猫用のフードは、栄養価も高く、高カロリーのため成猫に与えるのはNG。1歳頃から成猫用のフードに。

成猫期（3〜4歳）

●去勢や避妊をしてないと

猫の場合、一生でもっとも繁殖力が旺盛になるのがこの時期です。毛並みがツヤツヤで美しくなる一方、去勢をしていないオスの場合は発情から凶暴化することも。

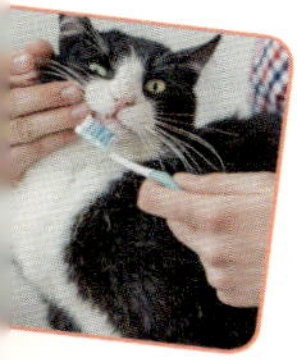

●歯が摩耗《まもう》しはじめ……

少しずつ歯垢が付いてきます。歯ブラシでは取れません。ひどい時は、動物病院で全身麻酔での除去処置が必要になってしまいます。そうなる前に、歯ブラシやガーゼでの歯磨きを。

health

健康

いつも気にかけたい

猫を迎えたら、まず探したいのがかかりつけの動物病院。**「病院が保護猫の活動に取り組む例も増えていますね。費用、経験、スタッフの数などのほか、そうした猫にやさしい病院が近くにあれば、まずは訪ねてみること」（大石先生）**

飼い主ができる健康チェックとして、体重のほか、被毛のつや、体温、呼吸数、脈拍数などがあります。

かかりつけ医と飼い主の連携プレーで

メスは生後4か月、オスは生後5か月を過ぎると最初の発情期を迎え、以降年に数回発情期がやってきます。ホルモン由来の病気にかかる確率を減らすためにも、子猫を産ませる予定がなければ、避妊・去勢手術を。**「とくにメスの場合は、健康面でのメリットが大。手術の適齢期は6か月前後。最初の発情前がいいですね」（大石先生）**

日ごろのかんたん健康チェック

- □ 毛つやは？
- □ 体温や呼吸数は？
- □ 食欲は？ 飲水は？
- □ ウンチの回数は？ 状態は？
- □ おしっこの回数は？ 状態は？
- □ しぐさや行動は？
- □ 鼻水や鼻の乾きは？
- □ 目やにや充血は？
- □ 歯の汚れは？
- □ 身体にキズや湿疹、できものは？

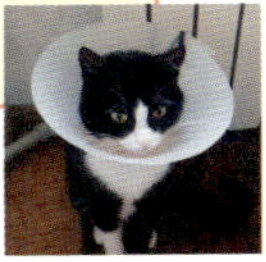

成猫期（5～6歳）

●アラフォー世代

人間で言えば、この年代はアラフォー世代。肥満になりやすいほか、そろそろ成人病などに注意が必要になるのも、人間と同じです。

●のんびりと……

この時期になると落ち着いて、のんびりと過ごすことが多くなるようです。運動不足による肥満にもなりやすいので、おやつなどのあげすぎにはくれぐれも注意したい年齢です。

老猫期（7歳～）

●7歳を過ぎると……

口の周りに白髪のような白い毛が生えてきたり、歯の先が丸くなるなどの老化が進んでいきます。毛づくろいをしなくなる猫もいるので、ブラッシングなど一層のケアを。

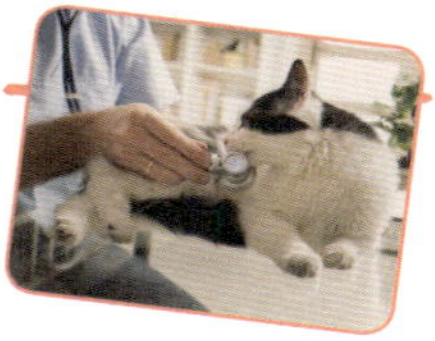

space

きもちのいい 環境

縦移動ができることがカギ。一匹でくつろげるスペースも

室内飼いでは、「食事スペース」、「休息所」、「トイレ」が最低限必要。

「猫は活動的でよじ登る能力が高く、キャットタワーや異なる高さの家具を置き、縦の動線をつくってあげることも大切ですね」（大石先生）

猫は、基本的に単独行動をする動物です。猫一匹につきそれぞれ専用のくつろぎスペースを設けるのが基本。くつろげる暮らしには、ある程度の広さが必要。

「狭いところに閉じ込めるようなことになると、ストレスから逃げようとする猫もいます。とくに多頭飼いでは、一匹当たり10平方メートル程度の広さは用意してあげてくださいね」（大石先生）

猫のリビングルームに、必ず備えたいものといえば、爪とぎ。マーキングの意味があるとも言われています。家具で爪とぎをしてボロボロにしてしまったり、コードを爪で引っ掻いて感電したりしないよう、代わりに用意するのが爪とぎ。段ボール製や布製など、さまざまな爪とぎが発売されています。

●健康管理をしっかりと

年齢とともにさまざまな病気も増えてきます。年に一回だった動物病院での健康診断を、数か月に一回にするなどして備えます。猫の平均寿命は16歳前後と言われますが、最近はご長寿猫が増える傾向も。飼い主の健康管理が、すべての鍵を握っています。

●足腰を考えて

人と同様、足腰が弱くなります。高いところにあるキャットベッドなどは、危険なので低い場所に移動。または足場を作って、登りやすくするなどの工夫をします。

●寝ていることが多くなる

動きも鈍くなり、寝ていることが多くなります。若い頃にくらべ食欲が落ちることも少なくないので、少量でもタンパク質が取れるシニア用のフードを。歯が悪くなった猫の場合は、ドライフードの粒の大きさも考慮。

しっかりケア、6つのポイント

【ブラッシング】

短毛猫は週に1度、長毛猫は毎日ブラッシングを。抱っこができないときは、うつ伏せのままでもOKです。

【目のケア】

目やになどをそのままにしておくと、涙やけを起こして、被毛が変色してしまうことも。ガーゼなどでやさしく拭き取りましょう。

【シャンプー】

短毛猫はブラッシングだけで十分な場合も。毛が比較的長い猫は1か月に1度のシャンプーで、毛づやを美しく整えましょう。

【耳のケア】

見えている部分に耳垢があるときは、綿棒などでやさしく拭き取ります。黒い汚れは耳ダニのこともあるので注意です。

【歯のケア】

見落としがちな歯のチェック。汚れているときは歯磨きなどで取り除き、ひどい汚れのときは病院にお願いします。

【爪のケア】

ケガの原因にもなりますので、爪の長さはこまめにチェックしましょう。爪には血管が通っているので、切りすぎには気をつけて。

care

日頃からのケア

コミュニケーションを兼ねて飼い主によるお手入れも忘れずに

猫の毛づくろいは、身体を清潔に保つ以外に、天敵に自分の存在を気づかれないようにするという目的があると言われます。なめることで体臭を減らし、また、なめて体温を下げることで、温度によって猫が来たことを察知する動物たちの目をくらますことができるからです。

飼い主もブラッシングするなど日頃のケアを心がけましょう。猫と触れ合う貴重な機会にもなります。猫が嫌がる場合は、まず触られることに慣れる練習から。ブラッシングから爪切りまで、子猫のうちから徐々にケアに慣らしていきます。

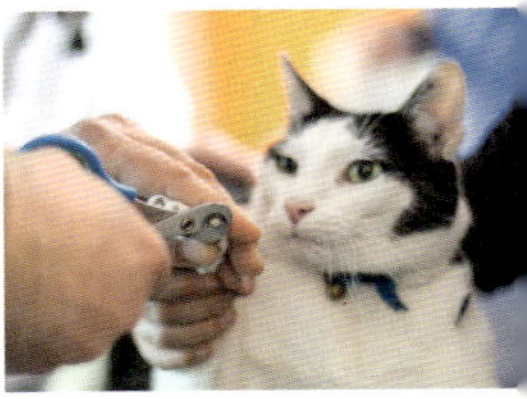

365日！

気をつけたい、あんにゃことこんにゃこと

春 Spring

ねこの衣替えの季節。花粉症にも要注意!!

春と秋は寒さに対応する冬毛が抜け替わる、猫の"衣替え"時期。普段は週に1〜2回でいい短毛種のブラッシングも、この時期は毎日してあげるのがいいでしょう。スプレーで湿らせると、静電気が起きにくくなり、ブラッシングがしやすくなります。「**猫も花粉症になります。この時期にくしゃみをするようなら注意したいですね**」（**大石先生**）。またノミや害虫も要注意。猫がかゆがってストレスになるほか、伝染病を媒介する可能性も。人にもうつるので、見つけたら即駆除です。動物病院で駆除薬をもらい、部屋を掃除機で念入りに掃除します。暖かくなって窓を開けて換気したい季節ですが、いろいろな意味で気をつけたいですね。

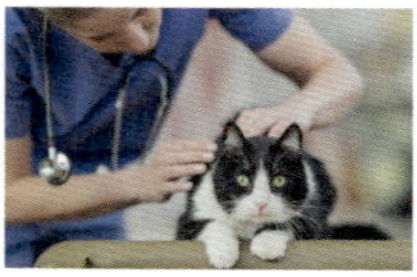

夏 Summer

室温管理、フード管理に気をつけて！

猫はほとんど汗をかかないため、体温調節が苦手。「**猫が快適に感じる気温は15℃から22℃。夏は体を伸ばして、ゆっくりと寝ますから風通しがよく、広くて涼しい環境を整えてあげたいですね**」（**大石先生**）。締め切った高温の部屋は、熱中症の危険も高くなります。

ごはんのコーナーでも触れましたが、「**猫は食事を一度に平らげずに、少しずつ分けて食べる習性があります**」（**大石先生**）。注意したいのがフード管理。ドライフード以外のフードは水分が多く傷みやすいので、こまめに冷蔵庫に。「**与えるときは、40℃ぐらいに温めてあげると喜びますよ**」（**大石先生**）。

秋

Autumn

食欲の秋にご用心。ねこ風邪にも……

「たくさん食べるのは健康な証拠と思いがちですが、過食は肥満を引き起こすので要注意。背中から脇の下に手を入れて肋骨を触り、肉が邪魔をするようなら太りすぎの可能性があります」（大石先生）。欲しがるだけあげてはダメ。食欲の秋こそ心を鬼にして食事を管理します。一方、暑かった夏の疲れがどっと出てしまうのは、人も猫も同じ。体力が弱っているので、いろいろな病気に狙われやすくなります。秋から冬にかけて空気が乾燥してくるため、くしゃみが多くなったり、目やにやよだれがあるようなら猫風邪かも。ウィルス性の病気にも注意してあげましょう。咳を何度も繰り返すようなら病気の疑いもあります。すぐに病院へ！

ねこさんとの暮らし、

温かな環境をつくってあげて……

「猫が暖かいところを選んで眠る理由は、睡眠中に体温が下がるからですね」（大石先生）。最近は、冬の定番「こたつ」は少なくなりましたが、ホットカーペットにも少し注意が必要です。人間よりも少し高めの猫の体温は、ふつう37.8℃から39℃です。この体温よりも高い温度設定での長時間の使用は、低温やけどの危険も。**「猫は暑がりですが、寒がりでもあります。冬は、座布団やクッションなどを置いた温かな場所を用意してあげてください」（大石先生）**。またコード類を噛んでの感電などの事故にも気をつけて！　猫ベッドや湯たんぽなどで代用するのがベストです。

冬

Winter

storyteller

「毎度、お笑いを一席」……にゃ！

猫の皿

春風亭 百栄

shunputei momoe

落語に出てくる道具屋さんにもいろいろあって、店でお客を待つばかりでなく、旅から旅へ掘り出し物を探しに行く……そういう道具屋さんもあったそうで。そういう道具屋さんは品物に目が利かなくちゃいけない。目が届かなくっちゃいけませんで。いい品物の値段を叩いて買ってくるところからハタ師と云われたそうで……。

どこか田舎の方で蔵の掃除をしていると、そこを通りがかりに、

「おやっ？　蔵出しですか？　いろんなのがありますすね。おや鎧兜《よろいかぶと》が……はぁ……こりゃ古そうだな……お宅はお百姓さんでしょ。厳《いか》ついものがあると畑の野菜が怖気《おじけ》づいて芽を出さないと云いますからね。聞いたことない？　いや云うんですよ昔から。じゃあこれ私が引き受けましょう。まぁまぁ悪いようにはしませんから」

そんなこと言って持ってっちゃう。安く買って江戸で売り払う。さぁいよいよ江戸に帰ろうという手前には峠の茶店がよくあったんだそうで、

「おじいさん……ちょいと休ませてもらうよ」

「いらっしゃいませ。どうぞそちらにおかけくださいまし」

「お茶もらおうかなぁ。はぁ……今度の買い出しは駄目だったなぁ。商売になるような品物がなかったよ。あっありがとう。いや旅人にはお茶が一番のご馳走だよ。……（あれ？　猫がいるよ。縁台の下でおまんま食べてる。茶店だって食いもの商売だ。猫

なんか飼ってしょうがねえなぁ。俺みたいに嫌いな客だっているんだから。……食べ終わった皿をぺろぺろなめてやがる。……あれっ……なんだいあの皿……猫がおまんま食べたあの皿……『高麗の梅鉢』じゃねえか？　……あああっ本物だ。すげぇ皿で食わしてやがる。知らないってのは恐ろしいや。『高麗の梅鉢』なら江戸に持っていけば捨て値でも三百両、うまくすりゃ千両にもなる代物だ。猫は暢気《のんき》に欠伸《あくび》してやがる。なんとかしてあの皿を俺のモノに……うん。なんとかなるよ。これがあるからこの商売はやめられないよ）……オイッ……つっつっ、こっちこい。来た来た……さぁ膝に乗っかんな」

「ああ、お客さま。膝の上になんか乗っけちゃいけません。その猫は汚い猫で」

「いいんだよ。俺は猫が大好きなんだから。かわいい猫だ。ゴロゴロ言って気味がわる……いやっこのゴロゴロ言うところがかわいいよ。懐《ふところ》入るか？　よしよし」

「ああ、お客さん、いけませんよ。懐の中が泥だらけ毛だらけになりますから」

「いいんだよ。俺は猫が好きなんだから。爺さん、この仔はいい猫だね」

「ありがとうございます。でもその猫は柄が頭の真ん中で別れておりまして、お鉢が割れると云って縁起の悪い猫なんだそうで」

「そんなことないよ。八割れ。数に直しゃ末広がり。縁起がいいよ」

「いえ、それにその猫は足の処の柄が白足袋《たび》を履いたようになっております。それも辛気《しんき》臭いと嫌う方もおりますし」

「そんなことないよ。俺の知ってる馬で三冠馬でディープインパクトっていったかな。あれも白足袋履いてたよ。猫だって同じ。縁起がいいよぉ」

「はぁさようでございますか。このあたりにも捨て猫が沢山おりましたが、猫好きな方や旅の人に貰っていただきました。でもこの猫だけは貰い手がつきません。それでこの仔だけが私の手元にいるというやつで」

「そう？　かわいいじゃないか。おお、どうしたどうした。鼻が冷たくてくすぐったいよお前はぁ。かわいいね。俺のことをジーッと見てやがんな。へへ……じいさん。俺この猫気に入っちまったよ。この猫……俺にくれないかなぁ？」

「はぁ……それがそういうわけにはいきませんで。家のばあさんが抱いて寝ておりまして私が勝手にお渡ししますと怒られますんで」

「俺は猫好きなんだよ。で俺のかかぁが俺に輪をかけて猫好きなんだ。こいつ連れて帰って喜ばしたいと思うんだ。おうっ、じゃわかった。鰹節代払わしてもらおうじゃないか。……それじゃ……これ、これ一両。これで譲ってくれないかい」

「いや旦那いけませんよ。こんな汚い猫に一両も」

「いいんだよぉ。俺は好きなんだから。じゃ一両でこの猫」

「いえ、お客さま。一両というお金はありがたいんですが、これを拾いました時ずいぶん怪我をしてましして医者に診てもらいまして」

「おいおいおい。い……医者に？　猫を？？？　なにもそこまですることは」

「命には代えられないものですから。その時の薬代もあって、とても一両じゃ」

「わかった……わかったよ。じゃこれ二両で……この猫、これで譲ってもらえるな」

「はぁ、二両というお金は大変にありがたいんですが、このあたりで一緒に捨て猫を助けてあげようという猫のボランティア、猫ボラさんの仲間がおりましてな。みんなでお金を出し合って去勢手術の積み立て預金をしておりまして」

「なんだよ去勢手術の積み立て預金って」

「その他にも猫クラミジアに白血病・三種混合ワクチンといろいろかかりまして」

「おいおいおい、ちょっと待ってくれよ。何だよその三種混合ワクチンとか。わかったよぉ。じゃあもう一両、しめて三両。これでこの猫俺に譲ってくれよ」

「ありがとうございます。こんな猫に三両ももったいない話で」

「お前がじりじり吊り上げたんじゃねぇか」

「まぁありがたい話で。この猫を連れて帰ってかわいがってやってください」

「あーっかわいがるよ。はは、猫も喜んでら。今晩宿に着いたら、おまんま食わしてやるからなぁ。あっそうだ、じいさん。その皿でおまんま食わしてんだろ？　じゃその皿貰っておこうか。器が替わると猫はおまんま食わなくなっちゃうなんてこと云うからよ。いやそう云うんだよ昔から。その皿貰っとこうじゃないか」

「猫の皿でございますか。それでしたらこちらに木のお椀がございますから」

「いやそうじゃないんだ。いいんだよそれで。それをボロ布に包んでくれりゃ」

「いえ、こちらの木のお椀で」

「いいんだよわざわざ持ってこなくても。そこにあるんだから。それで」

「いえ、そこまでおっしゃるなら話をしますが、実はこれは『高麗の梅鉢』と云いましてな。江戸に持っていけば捨て値でも三百両、どうかすると千両にもなる代物でございまして。そういうわけでお譲りするわけにはまいりませんでな」

「……へぇ……そうかい？　……（ちくしょうこのじじい知ってんじゃねえか）……でもじいさんその皿そんな風には見えねえけどもなぁ」

「そう見えないところも値打ちなんでございます。素人には目の届かない品物で」

「……（言いたいことを言ってやがる。だれが素人なもんか）……そうかぁ……ははははぁ……俺は素人だからちっとも気がつかなかったなぁ」

「今、木のお椀を持ってまいります。器が替わってもよく食べますよ。器が替わると猫は餌を食べない？　そんな話は聞いたこともございません。それはケチなハタ師の出まかせでございましょう……へへへ。今器をとってまいりますんで少々おまちを」

「（あのジジイ何から何まで知ってやがる。じゃ俺は三両払って猫買っただけかい？　ちくしょうめ）やいっ……てめえは何をゴロゴロ言ってやがんだ。そのゴロゴロが気味が悪い。俺はなぁ本当は猫なんか大っ嫌いなんだよ。いつまで懐に入ってやがる。出ろよ。あっイテッイテッ引っ掻きやがった。人の顔見てシャーッて言ってやがら。あーあ、毛だらけになっちゃった。あれ？　なんだ濡れてるなぁ。あっ、小便しやがった。冗談じゃねえや本当に。……おいおいじいさん。なんだってお前のところじゃそんな上等な皿で猫におまんま食べさせたりするんだよ」

「それなんですよ。その皿で猫におまんま食べさせると、ときどき猫が三両に売れますんで」

「はぁ〜〜。とても俺の目にゃ届かないじいさんだった」

しゅんぷうてい・ももえ

落語家。1962年静岡県生まれ。高校卒業後アメリカで放浪生活を送り、永住権も取得したものの、30歳過ぎてから落語家を志して帰国、95年に春風亭栄枝に弟子入り。前座名のり太。99年二つ目昇進で栄助に、2008年真打昇進で百栄と改名。

はたらくねこ

いやしのねこたち

犬は、飼い主に忠実だし、芸だってするし、かわいくて役に立つ！
それにくらべて猫ときたら、ツンデレだし、一日中家にいて寝てばかり……。
だけど、それがいいんです！　いるだけでセラピー!!

香山リカ
kayama rika

「猫を飼ってみるのはどうですか?」

精神科医の香山リカさんは、患者さんに、そんなアドバイスをすることがあります。たとえば「私なんて、誰にも必要とされていない」と自信を失ってしまったひとり暮らしの患者さん。猫が人との間に取る独特の距離感が、いい効果を与えることがあるからです。

香山さんは、その猫の「微妙な」距離感を、犬と比較しながらこう説明します。

「犬は人とコミュニケーションを取りながら、その関係性のなかで生きているところがありますね。だから、つねに飼い主に関心を持って、遊んで遊んで! 見て見て! と、飼い主との交流を求めてきます」

そうして落ち込んでいる日も、幸せいっぱいの日も、どんなときでも人のすべてを受け入れて、「あなたでいさえすればいいんです」と愛してくれるのが犬。これが犬を飼うことの最大の喜びでもある一方で、ときには絶対的な愛情が人にとってのプレッシャーとなることもあるといいます。

かたや猫は、いつも人に関心があるわけではありません。それどころか反対に人のほうがいつも猫に関心を持って、猫にうるさがられることがあるほど。立場は大逆転です。

「犬のように惜しげもなく注がれる愛情がプレッシャーやストレスとなることがないので、心理的負担も少ない。人のほうから境目を作って、距離を置くことだってできます。対

人恐怖症が進み、誰かと関わりたいけれど自信がないというような患者さんには、程度によって、猫が絶好のセラピーになることも多いですね」
ご自身も、猫のそんな距離感に癒やされてきたひとりです。子どもの頃は家にいつも犬がいて、家族のなかでは唯一、お父さまだけが猫派。
「父は自分の書斎に、野良猫を入れてかわいがっていました。あるときそんな父が、書斎に上げた猫に話しかけているところを目撃して……。家族には無口な父だったので、猫にしか聞いてもらえないのかと、子どもながらにかわいそうに思ったことを憶えています」
香山さんも実家を出てから犬を飼うことが多かったものの、保護猫を迎え入れたのをきっかけに、犬と猫

のミックス体制がスタート。いまは猫5匹と暮らしています。

効能もさまざまあります。ツンデレのキャラクターは、たまに甘えてきたときのかわいさはひとしお。

また、猫のようにモフモフなものを触ると血圧が下がるなど、猫をなでることの効能も数々研究されています。

「何より見ていてかわいいじゃないですか。まじめな顔でちんまり座っているポーズをしたり、かと思うと笑っているような表情をしたり。とにかくやることなすことかわいい。いるだけで、人の役にたっていますよね」

そんななかでも、とくにかわいさを感じるのは、やはり自分が悲しい気分のとき。それでもお構いなしに

はしゃぎまくるKYな犬を横目に、猫は静かに座って、こちらを見ていたりします。

「そんな姿を見ると、私と一緒に悲しんでくれているんだと。いえ、実際は悲しんでいるわけではなくて、たまたま座っていただけのような気もしますけど（笑）」

それでもやっぱり、自分で飼うのはまだ怖いという人は、まずは猫カフェに出かけたり、『ねこあつめ』のような猫の育てゲームで猫との距離感を楽しむだけでも、猫ならではの〝癒やし効果〟を期待できるそうです。

最後に香山さんとっておきの、猫とのコミュニケーション方法を教えてもらいました。

「イヤなことがあって、人にわざわ

ざ電話して聞いてもらうのも違うなというようなとき。猫に聞いてもらうんです」

「ほんとにひどいよねー」

「なんであんなこと言うんだろうねー」

「なんでわかってくれないんだろうねー」

言いたい放題言っては、聞いてもらうそうです。

「書斎に猫を招き入れていた父の気持ちが、よくわかるようになりました」

撮影：榊 水麗

かやま・りか

1960年北海道生まれ。東京医科大卒。精神科医としての豊富な臨床経験を生かして、現代人の心の問題を中心にさまざまなメディアで発言を続けている。専門は精神病理学。北海道新聞（ふわっとライフ）連載、著書には『しがみつかない生き方』（幻冬舎新書）『「気だてのいいひと」宣言！』（東京書籍）など多数。立教大学現代心理学部映像身体学科教授。5匹の猫と暮らし、その経験から患者に猫を勧めることも。上写真はそのうちの1匹のミミちゃんとの一枚。

read the cat

ねこが出てくる珠玉の7篇

読むほどに、あの子が好きになる

猫の魅力に取り憑かれてしまった著名な作家は数知れず。
どうして人間は猫の虜になってしまうのでしょう?
さまざまな猫たちが登場する本を読めばその謎が解ける?
いえ、ますます深まるばかりかもしれません……。

文=豊崎由美(書評家)
text by toyozaki yumi

「猫を飼う」というのは正確さを欠いた言葉のような気がしてしかたない。「猫にかしずいている」、そんな気分のほうがしっくりくるのだ。
私見だけれど、猫が犬より頭が悪いというのは誤った認識ではないか。猫は頭が悪いから言うことをきかないのではなく、こちらの言っていることを承知した上で「イヤッ」という態度を表明しているにすぎないのではないか。じつは猫は宇宙人で、地球を侵略するために人間どもの生活に入りこんでおり、そのことに気づいている犬たちが必死で飼い主に警告するものの——という映画を観た時も、案外真実を突いているのではないかとうなずいたものである。
では、なぜ、人はあえて猫を飼う、否、猫にかしずいてしまうのか。こ

猫鳴り

(沼田まほかる著／双葉文庫刊)

この小説、最初のうちは読んでいて正直つらい。というのも、40歳でようやく授かった子を流産してしまった主婦の信枝が、家のそばに捨てられていた仔猫の鳴き声が赤ん坊のそれを思わせて不快だからと、何度も何度もよそへ捨てに行く場面が展開するからだ。でも、そのつらすぎるシークエンスを乗りこえて読み進める価値がこの小説にはあるのだ。

結局は飼うことにした信枝が、モンと名づけた仔猫を媒介に風変わりな少女アヤメと知り合うまでを描いた第1部。不登校の中学生男子が、すんでのところで絶望という真っ黒の闇から引き返してくるまでを、少年とアヤメ、成長したモンとの交流を通して描く第2部。

しかし、この小説の真骨頂は最後に待っている。信枝を亡くした夫・藤治が20歳になったモンの看護をするさまを描く第3部の感動といったらない。〈こいつはまるで、俺に手本を示しているみたいじゃないか。そう遠くない日に、俺自身が行かなけりゃなんない道を、自分が先に楽々と歩いて俺に見せているみたいだ〉。捨てられても捨てられても信枝のもとに戻ってきた生命力の強いモンが、最期に見せる尊い死にざま。皆さんも、この小説で、是非モンと出会って胸うち震わせてください。

こで、猫バカと目されている日本の作家の名前を挙げてみたい。内田百閒、夏目漱石、谷崎潤一郎、萩原朔太郎、向田邦子、野坂昭如、金井美恵子、佐野洋子、村松友視、吉本隆明、柳瀬尚紀、川崎徹、笙野頼子、古川日出男、保坂和志、村上春樹、稲葉真弓、小池真理子、武田花などなど。偏見かもしれないが、癖が強い人が多いような気がしてならない。一見温厚そうな方もいるけれど、少なくとも表現として外に出すものは全然おとなしくない、そういうタイプが多いように思うのだ。

で、これまた偏見かもしれないけれど、犬ではなく猫をパートナーに選ぶ人の多くは、人間相手にはかたくなな態度や警戒心の強い態度、もしくは強い姿勢を示しがち。猫にか

退屈をあげる

（坂本千明著／青土社刊）

冬の雨の日に、作者の坂本さんに拾われた黒白の雌猫。鼻にぶち模様があって、だみ声で、歯が1本折れていて、本気噛みをして、体の白い部分が鳥のように見える模様になっている。〈ごはんたべて／ねて／うんちして／くり返し〉の毎日を一緒に生きて、やがて死んでしまった猫を美化せず描く。でも、坂本さんの愛おしいと思う気持ちや、猫がその思いと“退屈”を全身で受け止めていることは強く伝わってくる。版画も文章も素晴らしい詩画集だ。

かのこちゃんとマドレーヌ夫人

（万城目学著／角川文庫刊）

小学1年生のかのこちゃんと、豪雨の日にかのこちゃんの家にやってきたアカトラの雌猫マドレーヌ夫人のW主演ファンタジーだ。聡明で品が良く、外国語（犬語）を解するマドレーヌ夫人は、先に飼われていた心優しい老犬・玄三郎と心を通わせ、なんと夫婦に！ かのこちゃんとマドレーヌ夫人の活躍に、笑ったり泣いたり、そんな感情が動かされるエピソード満載の物語になっている。読めば、幸せな気分に満たされることまちがいなしだ。

※品切れ重版未定

ヨシダ「ムラカミのホームラン」所収

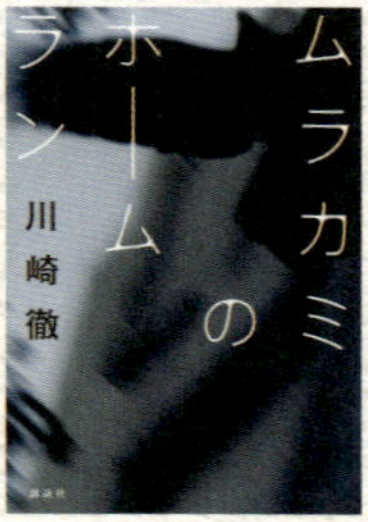

（川崎徹著／講談社刊）

雨の日も雪の日も、毎日どんなことがあっても青山墓地に棲む野外猫たちの餌やりを欠かさない著者にしか描けない物語だ。〈「お前、死んでるぞ」／ヨシダは言った。／「もう一度言ってみて」／「死んでる」〉。すでに死んでしまった10歳の猫の視点で、死に至るまでの来し方、猫たちに餌をやりに来て、自分に「はっちゃん」という名を与えたおじさんのことなどが語られていく。はっちゃんの昔なじみのカラス「ヨシダ」のキャラクターも魅力的だ。

しずくのは、無意識裡に、そうした自分と似た資質を猫の中に見いだし、全面肯定することで、自身のありようにに対する潜在的不安を払拭しようとしているのではありますまいか。抱こうとして、つれなく拒否されるたびに、己のエゴに気づかされる、そんなマゾヒスティックな快感に酔いしれているのではありますまいか。

家の中で一番居心地のいい場所を占拠する。気分次第でかまってほしがったり拒否したり、喉を鳴らしていたかと思えば次の瞬間には噛みついてくる。言うことをきいてもらえるのが当然だと思っている。嫌いなものは嫌い。猫は鏡。作家が表現する猫に接するたび、13歳の時から猫にかしずき続けているわたしはそう思い知らされるのだ。

猫に満ちる日

（稲葉真弓著／講談社刊）

深刻なペットロスの日々を『ミーのいない朝』という本で描いた作家による、「幸せな猫」と「男と暮らせなかった女」のふたり暮らしを描いた小説。〈深夜、仕事から帰る私を、猫はいつも玄関の扉のところで待っていた。闇の中にひっそりとうずくまっている猫を見るたびに、私の心はしなびた袋から弾力のある柔らかな袋へと回復していく〉。高齢猫と〈私〉の結びつきを描き、あたかも両者が一体化しているかのように思えてくる濃厚な筆致が素晴らしい。

猫と庄造と二人のおんな

（谷崎潤一郎著／新潮文庫刊）

内田百閒『ノラや』が猫文学の東の横綱なら、『猫と庄造と二人のおんな』は西のそれ。夕飯には愛するリリーの好きなおかずを用意させ、ひっかかれても相好を崩し、ちょっと見当たらないだけで大騒ぎする庄造は、猫バカの我が身を映す鏡にして鑑だ。その最愛の存在を前の妻に譲らなくてはならなくなったから、さあ大変。未練たらしく様子を見にいってみるのだけれど——。庄造の全行動が情けなくて笑ってしまうものの、共感大。さすが谷崎！

海流のなかの島々

（ヘミングウェイ著／新潮文庫刊）

海外から選んだ猫バカ大将はヘミングウェイ。愛する女性を「キャット」と呼んだり、フロリダ半島に設けた邸宅には、愛猫の末裔がいまだに暮らしていたりと、猫エピソードには事欠かない。美しくも荒々しい南海の自然を背景に、巨魚と闘う少年や、酒と官能に溺れる男女の姿を描いた、作家本人を思わせる男を主人公にしたこの小説からも、猫愛がほとばしらんばかり。ボイシーという猫との関係が親友みたいで、読んでいて頬がゆるむ。

at the cinema

ねこさんの魅力、再発見！

いちおし!! にゃんこ映画 ベスト6

どんなときも自由気ままに生きる。
そんな猫の姿を見ているだけで、
ふーっとひと息、心が休まります。
つらい、悲しい、寂しい……
と感じたときこそ、ぜひ１本。
ますます猫が好きになります！

文＝皆川ちか（映画ライター）
text by minagawa chika

猫なんかよんでもこない。

（2015年／日本／103分）

同居するマンガ家の兄が2匹の子猫を拾ってきて、その面倒をみるはめになるボクサーのミツオ。子猫たちにクロとチンと命名し、一緒に暮らしていく中でミツオはボクサーを廃業し、兄は結婚を機に田舎へ帰郷する。生き甲斐をなくしてぼんやりするミツオとは対照的に、子猫たちはすくすくと成長する。やがてミツオも新たな人生を模索してゆく——。

元プロボクサーという異色の経歴をもつマンガ家・杉作さんが実体験を基に執筆し、猫好きを中心に多くの読者の共感を誘った同名作品が原作。突然、子猫の親代わりとなった青年と、猫たちのてんやわんやの共同生活が微笑ましくも温かく描かれる。マンガの絵からそのまま抜け出したかのような、おっとり屋のオス猫クロと、おてんばなメス猫チン。どちらも自然体で愛らしく、猫特有の小憎らしささえ醸し出し、ミツオを演じる風間俊介に負けるとも劣らない“演技力”を見せている。去勢や避妊手術の必要性、病気予防に対する方法など、ただ可愛がるだけではなく猫の命を預かる者としての飼い主の心得もしっかりと描写。愛くるしい“猫あるある”仕草に加えて、人と猫の程よい距離感と共生関係が、さわやかな感動をもたらしてくれる。

© 2015 杉作・実業之日本社／「猫なんかよんでもこない。」製作委員会

© 2015 杉作・実業之日本社／「猫なんかよんでもこない。」製作委員会

『猫なんかよんでもこない。』
発売元：NBCユニバーサル・エンターテイメント
Blu-ray：4,700円（税抜）
DVD：3,800円（税抜）

人はなぜ猫を飼うのでしょうか。いえ、「飼う」という表現は、どうも人間側に寄りすぎているようです。こう言いかえてみましょう。

人はなぜ猫と暮らすのでしょうか。犬の場合は番犬になってくれたり、ニワトリだったら卵を生んでくれたり、熱帯魚なら美しい鑑賞物になってくれたりと、私たちにとって役立ち、癒しともなる生きものたちはたくさんいます。

対して猫は自由気まま。犬のように主人に忠誠を誓うでもなく、ニワトリのように卵も生まず、魚のように静かに、ひとつの場所でじっとしていてくれることもありません。

好きなときに好きなように寝て、食べて、遊んで、まったく羨ましくなるほどフリーダムに生きています。

先生と迷い猫

（2015年／日本／107分）

定年退職をした元校長先生・森衣恭一は、偏屈な性格をした変わり者。小さな家に一人で暮らし、亡き妻が可愛がっていた野良猫のミイがやって来ても、邪険に追い返してばかりだった。しかしある日ミイが姿を見せなくなり、気になって探しはじめる。同じようにミイを心配する近所の人たちと協力し、行動を共にするうちに森衣の心に変化が生まれる。そして妻が死んでから、ずっと心の底に蓋をしてきた悲しみの感情に向かい合う――。

私は猫ストーカー

（2009年／日本／103分）

イラストレーターの“卵”のハルは、古本屋さんで働く傍ら街中で猫を見かけては交流するのが大好き。お寺の境内や墓地に公園、至るところで猫を追いかけて猫マップを作成している。ある日、職場である古本屋さんの飼い猫、チビトムが行方不明になってしまう。それをきっかけに店長と奥さんの仲がギクシャクしだし、みんなでチビトムを見つけようとするけれど――。猫の街として知られる東京・谷中周辺でロケーション撮影された。

ボブという名の猫　幸せのハイタッチ

（2016年／イギリス／103分）

プロのミュージシャンを目指す青年ジェームズは、夢に破れて薬物に逃避し、どん底の生活を送っていた。そんな中、足にケガをした野良猫と出会い、ボブと命名。有り金すべてをはたいてボブを助けて以来、二人（？）は行動を共にする。ボブを肩に乗せてのストリートライブが好評で、次第に世間の注目を集めるようになっていく。次々と試練が降りかかってくるが、ジェームズは自分のため、そしてボブのためにも立ち直ろうとする――。

猫たちと共に生きることで、私たちもまた自由な気分になったり、心が安らかになったりする――そんな瞬間を綴った猫映画をご紹介します。

イッセー尾形さんが人間嫌いの老人を演じる『先生と迷い猫』は、いなくなった猫を探すことで周囲の人々と交流し、生き方を見直す姿が描かれています。

実話に基づいた『ボブという名の猫』も猫との出会いによって人生が変わるお話です。元薬物中毒の主人公が、自分と同じく傷ついた野良猫ボブを守ることで、生きる意志を取り戻してゆきます。

『ネコのミヌース』『こねこ』は猫映画の名作と言われています。前者では人間になってしまった猫の女の子の冒険がキュートに描かれて、後

ネコのミヌース

(2001年／オランダ／83分)

ひょんなことから人間に変身してしまった猫の女の子ミヌース。引っ込み思案の新聞記者ティベと知り合い、彼の部屋に置いてもらうかわりに秘書となる。街の猫たちのネットワークを駆使してティベに特ダネ情報を次々にもたらすうち、地元の名士エレメートの悪事を掴んでしまう。その告発記事を書いたティベが新聞社をクビになり、ミヌースもピンチに陥ってしまう――。オランダで空前の大ヒットを記録したファンタジー・ドラマ。

こねこ

(1996年／ロシア／84分)

ペット市場で売られていた一匹の子猫は、ある音楽一家に引き取られて“チグラーシャ”と名づけられる。元気いっぱいのチグラーシャは、ある日、窓からトラックの荷台に落ちて遠くへ運ばれてしまう。着いた先でワーシャという猫に助けられ、迷い猫たちを保護している男性のもとで、たくさんの猫と暮らし始める。果たしてチグラーシャは自分の家族と再会できるのか？　猫たちの生き生きとした演技が話題を呼んだ猫映画の代表的作品。

『先生と迷い猫』
発売元：クロックワークス
販売元：TCエンタテインメント
Blu-ray：豪華版5,800円（税抜）
DVD：豪華版4,800円（税抜）、通常版3,800円（税抜）

『ボブという名の猫　幸せのハイタッチ』
発売元：コムストック・グループ
販売元：ポニーキャニオン
Blu-ray：￥4,700（税抜）
DVD：￥3,800（税抜）

『私は猫ストーカー』
販売元：マクザム

『ネコのミヌース』
発売元：オンリー・ハーツ
※DVDは現在在庫切れ

『こねこ』
発売元：アイ・ヴィー・シー
Blu-ray：3,800円（税抜）
DVD：2,800円（税抜）

※いずれも2018年8月の情報です。

者では大都会に迷い込んだ小さな猫が大人猫たちに助けられ、愛する家族のもとに戻るまでが躍動感いっぱいに展開されます。

猫好きの生態を赤裸々に描写した『私は猫ストーカー』と、新米飼い主の奮闘を描いた『猫なんかよんでもこない。』は、都市部における猫事情が詳細に描かれています。

これらに共通しているのは、猫と人の関係がけっしてベタベタしてはいないことです。どんなにいとおしくても一緒にいられる時間は有限。だからこそ、あなたと共に過ごしている今このときを大切に、丁寧に生きていきたい――そんな猫と人との共生関係が、やわらかくも節度をもって築かれています。

黒白猫と暮らす

エピソード「あのねこ・このねこ、十四十色」

千野帽子
chino boshi

「まだらねこ」について

〈ブチねこ〉について、という依頼をいただきました。

けれど僕は、そして黒白猫と暮らしている僕のような人の多くは、自分の家にいる猫を〈ブチねこ〉だと思っていないと思います。「背中が黒くて、腹が白い猫」でもいいですし、「上が黒くて、下が白い猫」あるいは「オモテが黒くて、ウラが白い猫」でもいいですし、そういうふうに思っているはずです。

斑猫と書いて〈ブチねこ〉と読みますが、「はんみょう」（甲虫の一種）とも読みますし、「まだらねこ」とも読みます。黒白猫と住んでいる者にとっては、自分の家の猫を形容するのにいちばん近いのはおそらく「まだらねこ」という表現でしょう。ですからこれは、〈ブチねこ〉（斑猫）と書いて「まだらねこ」（斑猫）と読む猫、についての文章となります。

腹が白い生きもの

犬でも馬でも牛でもペンギンでも、背に色があってもおなかが白い。黒白猫が家に来るまで、そのことはあまり意識したことがありませんでした。考えてみれば不思議

で、おかしみのある話です。

パルモという人がやっている「カラパイア　不思議と謎の大冒険」というサイトというかブログに、「動物のお腹が白くて柔らかいのはなぜ?」（二〇一四年一月一六日、http://karapaia.com/archives/52151059.html）という記事がありました。

〈主に外来生物の研究を行っている米生物学者、ジャクソン・ランダース〉によれば、〈下にいる捕食者からの襲撃に遭いやすい動物のお腹は、たいていは淡い色になっている〉そうですし、また〈これは、光を受ける体の部分に濃い色を、光が当たらない部分に明るい色を配色することで、動物の姿が視覚的に平均化され目立たなくなる〉カモフラージュというケースもあるそうです。

それで、動物の腹というものは白いものだと思っていたのですが、ある日動物園でレッサーパンダ（小熊猫!）を見て、世のなかには腹の黒い生きものもいるのだと知りました。

先代の猫

うちの猫は先代（牡）もいまの猫（牝）も黒白まだらの猫です。

先代は親猫に育児放棄され、東急自由が丘駅のそばの野良猫里親探しの団体に保護されていたのを、推定四か月の仔猫のときにもらってきて、十六年近くいっしょに暮らしました。そのうちパリに住んでいた一年ほどは、母に預けていました。十六年というのは長い月日で、そのあいだに世紀が変わり、何度も引越をしたし、一度転職をしたし、結婚もしました。母の死後は、細君の友人に数日間預かってもらったことがあり、細君の実家に帰省するときに義父母に世話になったこともあります。

もともとは、猫と暮らすなら三毛猫か茶虎がいいなーとつねづね言っていたのですが、出会いというものは得てしてそういうもので、出会う前の「こういうのがいい」などというものとは違うところに着地するようにできているのでしょう。これは恋愛のようなもので、これこれこういうスペックの持ち主がよい、などと理想を語ってそれに縛られているうちは、出会いというものはない、などとよく言われますよね。「三毛猫か茶虎猫がいい」と言っていても、「この猫だ!」という天啓は黒白猫との出会いで起こってしまった、ということになります。生後四か月ながら落ち着きを感じさせるあの物腰というか、態度というか、そういうのが決め手でした。

亡くなったときには、文字どおり天を仰いで慟哭《どうこく》しました。そういうのは韓流の歴史ドラマで英雄がやるものだと思っていたので、自分でも驚きました。骨壺は居間の高いところにあります。

いまの猫

いまの猫は仔猫ではなく、成猫（推定八歳）で、すでに名前がついた状態で、わが家にやってきました。というか当人の意志ではないので、連れてこられたと書くべきでしょう。やはり猫の里親を探すＮＰＯのサイトで細君が見つけたものです。これはもう先代の呪縛で「黒白猫がいい」と最初から思っていたわけで、そういうスペック優先の出会いだってある、と、前節とはまるっきり矛盾したことを書いてしまうわけです。細君は僕と違って、何頭かの猫と暮らした経験があるのですが、それでも先代と過ごした時間が長かったので、黒白にこだわってしまったのだと思います。

いまの猫も、そういう猫経験の豊富な（でも黒のラブラドールレトリーバーを飼っていたこともある）義父母に面倒を見てもらったことがあります。しかしこれがなかなか問題行動が激しく、数日間家をあけるときにはシッターさんに来てもらったこともあるのですが、それでも問題行動がおさまりませんでした。ペットホテルに預けることにしたら、問題行動は見られなくなりました。ペットホテルのかたによると、毎度毎度「ほんとうにいい子にしていました」のだそうです。どういうわけなのか。

いまの猫は、猫屋敷と化した家からリストラされた猫のうちの一頭です。そこでは

十一頭もいたのですが、引越で手狭になったのか、三頭が放出されたそうです。そのうちの一頭なので、猫が一頭しかいない状態がストレスになっているのかも。

ペットホテルでは、広々とした二階建てのケージの網越しに他の猫のケージが見えるし、同じ側のケージからも猫の声や気配がするし、あとそこのホテルでは毎日時間を決めて一頭ずつケージから出して、猫部屋を自由に歩かせているので、そこらじゅうのケージの猫を外から見ること（他のケージの猫から見られること）ができるし、他の猫が散歩中は自分がその猫を見ること（外を歩くその猫から見られること）もあるわけで、ホテル暮らしのほうが、拙宅よりも、前の暮らしに近いようです。

そのせいか、ペットホテルに迎えに行くと、いつも凶暴な面相で「しゃーっ」と言われてしまいます。これはけっこう参ります。

彼女がうちに来て三年近く経ちますが、うちに来て一年半弱のときに子どもが生まれたので（彼女にではなく、細君と僕に）、後輩ができたわけです。「後輩」は来てそうそうは彼女より体重が軽かったわけですが、そこは人間の子どもなので、いまは約二・五倍の体重となりました。

基本は仲よくしています。というか、後輩が彼女を非常に慕っているのです。彼女も、僕が読み聞かせをしていると、わざわざやってきて絡んできます。仲よくしてはいるものの、そこは先輩ですから、後輩がうっかりした手出しをすると「指導」が入ります。

黒白猫？　白黒猫？

ところで、ここまで僕は「黒白猫」と書いてきました。先代が家に来るまでは「白黒猫」と言っていました。

これは冒頭に書いたことと関わるのですが、「黒白まだらの猫」のなかでも、うちに来た二頭は、首から背中を経て尻尾にかけての背面の大半が黒なのです。上から見るとほぼ黒なので、黒を先に言うようになりました。白がベースで黒いぶちが点々とある猫もいるわけですが、なんとなくべつのカテゴリという気がします。不思議なものです。

おたくさんの猫、前肢が伸びますか？　曲がりますか？

いまの猫が来てから、猫は前肢で二タイプに分けられると思うようになりました。前肢が、寝てるときにきゅっと縮こまりがちな猫と、だらんと伸びがちな猫です。先代は前者、いまのは後者です。

ちの・ぼうし

文筆家。著書『人はなぜ物語を求めるのか』（ちくまプリマー新書）『俳句いきなり入門』（NHK出版新書）『読まず嫌い。』（角川書店）『世界小娘文學全集』（河出書房新社）など、編著に『夏休み』（角川文庫）獅子文六『ロボッチイヌ』（ちくま文庫）など。

撮影：守岡知彦

先代は夏の暑い時期を除き、僕があぐらをかくと必ず乗ってきたものですが、いまのはそもそも乗ってこない（ので寂しい）し、どうもそういうのが好きではないらしい。前肢を伸ばしてライオンのように寝るには、人間のあぐらは狭いのでしょうか。

義母は猫経験が豊富で、うちの先代の猫のことも、いまの猫のこともよく知っていて、いまの猫の問題行動（家具に粗相するというもの）の被害者でもあります。

その義母がこの春先に、苦笑しながら言いました。――先代の猫は、脇を抱いて持ち上げると、前肢が招くようにきゅっと縮まった。あれは賢い猫だった。いまの猫は持ち上げると前肢がだらーんと伸びる。「あー、こりゃダメだ（笑）」と思った――「なにその情報？」と思って僕もつい笑ってしまったのですが、これは有名な話なのでしょうか？「両脇から抱えて持ち上げたときに前肢がきゅっと曲がる猫は賢い猫」という判定法……。知っていたらいまの猫と暮らしていたでしょうか。

「たしかに先代は、見た目もよかったけど（一時期すごく太ったこともあったけど）、いっしょに暮らそうと決めたのは、生後四か月ながら落ち着きを感じさせるあの物腰というか態度というかそういうのが決め手だった……。いまの猫は顔。顔だけでうちに来ましたからね……」

「顔はほんとにかわいいよね。顔は（笑）」

姉妹本

「ミケねこのトリセツ」

「トラねこのトリセツ」も 好評 発売中!!

編集協力:株式会社ブレンズ

ブチねこのトリセツ

2018年9月3日　第1刷発行

監修者　大石孝雄《おおいしたかお》

発行者　千石雅仁

発行所　東京書籍株式会社
〒114-8524　東京都北区堀船2-17-1
電　話　03-5390-7531(営業)　03-5390-7507(編集)
https://www.tokyo-shoseki.co.jp

印刷・製本　株式会社リーブルテック

ISBN 978-4-487-81198-4　C0095